Marc A. Palmer

Guida per i principianti dell'app Obsidian per prendere appunti e Second Brain

Tutto quello che c'è da sapere sul software Obsidian, con oltre 70 screenshot come guida

Indice dei contenuti

Prefazione...7

Introduzione.. 9

   Che cos'è l'Obsidian? 11

   Perché proprio Markdown?..13

   Perché usare Obsidian App 14

   Sincronizzazione ossidiana..15

   Applicazioni mobili 16

Primi passi...17

   Interfaccia...20

      Barra degli strumenti...20

      Sezione File/cartelle.. 21

      Documento attivo.. 21

      Elenco dei link.. 21

      Pannello di controllo sinistro (in alto a sinistra) 23

      Impostazioni..31

      Importanti plug-in di base da utilizzare in Obsidian 39

      Come nominare le note con il plugin Note Box Prefixer Core in Obsidian 43

   Scorciatoie / Formattazione di base...48

      Convertire in modalità di lettura...48

      Tavolozza dei comandi 48

      Creare una nuova nota 49

      Chiudere la finestra 49

      Passare da una nota all'altra..49

      Creare nuovi collegamenti interni...49

      Numerazione o punti elenco durante la creazione di un elenco 49

      Per i titoli 49

      Cambiare il carattere in Obsidian 49

      Aggiunta di note a piè di pagina 50

      Creare una tabella su Obsidian 51

      Per i testi in grassetto 51

      Offerta..51

Divisione orizzontale delle linee 51

Collegamento ipertestuale 52

Vista grafica 52

Apre Quick Switcher (browser di file) 52

Passare dalla modalità di modifica a quella di visualizzazione.................... 52

Testo barrato 52

Evidenziare il testo 52

Sottolineatura del testo 52

Blocchi di codice 53

Aggiunta della lista di controllo 53

Selezione di un argomento 54

Impostare le cartelle 55

Creare la prima nota 56

Organizzare le note 61

Per cercare il testo in una nota 62

Utilizzare i dati delle note per la ricerca rapida 63

Ricerca delle note con i tag 64

Ricerca di elementi da fare 65

Stili comuni di ossidiana 67

Modalità editor 67

Modalità di ricerca 69

Scrittore pulito 69

Modalità A/B 70

Modifica del testo 71

Visione divisa 73

Perché è importante una visione condivisa?... 74

Come importare i file 75

Importazione di immagini 75

Trascinare l'immagine nell'interfaccia della nota 75

Utilizzare la sintassi di Markdown 76

Importazione di audio e video 76

Importazione di PDF 77

Grafico della conoscenza 78

    Dettagli della vista grafica 80

    Foratura 81

    Filtri 81

    Filtri comuni 82

        Ricerca 82

        Alette standard 82

        Grafico globale extra 83

        Grafo locale extra 83

        Collegamenti esterni e interni 83

        Collegamenti 83

        Display 83

        Forze 84

Usare YAML nella propria applicazione Obsidian 85

Come posso incorporare le pagine in Obsidian? 86

Interrogazioni e ricerche 87

Link, tag e backlink 88

    Collegamenti interni 88

    Backlink 90

    Tag 92

Scansione di documenti in Obsidian 93

    Passo 1: personalizzare la configurazione 93

    Passo 2: salvare 94

    Fase 3: Selezionare le opzioni del file 95

    Fase 4: prendere appunti sul file PDF 96

Come salvare le idee e gli appunti in Obsidian 97

    Protezione dell'accesso fisico ai dati di Obsidian 97

    Protezione dell'accesso ai dati digitali di Obsidian 98

    Codifica dei dati 99

        Sincronizzazione delle note e sicurezza del cloud 100

    Come eseguire il backup di Obsidian su dispositivi mobili 100

        Ulteriori suggerimenti per la sicurezza 101

Le migliori pratiche 102

    Registrare spesso 102

    Revisione meticolosa..102

Conclusione...103

Prefazione

Sono un economista di professione. In quanto tale, devo sempre tenermi informato sugli ultimi sviluppi dell'economia. Questo mi ha dato il desiderio di essere in grado di leggere, imparare e capire le informazioni che mi arrivano ogni giorno in modo significativo e con un valore aggiunto.

Sono anche molto interessato a un'ampia gamma di argomenti nella mia vita privata e vorrei che i miei appunti su questi argomenti fossero conservati in modo organizzato - e voglio essere in grado di lavorare con loro.

Molte delle informazioni che leggo ogni giorno danno origine a nuove idee. Voglio anche essere in grado di raccoglierle, collegarle ed elaborarle. Questo non è il primo libro che ho scritto. Molte cose sono già nate da idee precedenti.

Mi riferivo al collegamento: Questa è la geniale individualità che Obsidian offre. Obsidian permette di collegare idee, note, parole, ecc. in modo relativamente semplice. Ciò che è ancora più geniale è che Obsidian lo fa da solo, creando così una propria rete di pensieri. Proprio come un cervello.

Per me, questo è il più grande vantaggio di Obsidian. Ce ne sono altri, come l'uso di Markdown, in modo che il trasferimento dei dati sia garantito anche per il futuro e la possibilità di mantenere i dati assolutamente sicuri in locale.

Nel corso del libro si riconosceranno ulteriori vantaggi.

Buon divertimento e successo con la mia introduzione a Obsidian!

Introduzione

Non basta un semplice blocco note per tenere traccia di idee e pensieri. Avete bisogno di un sistema che vi aiuti a collegare queste idee tra loro per creare pensieri altamente comprensibili e razionali, proprio come fa il nostro cervello.

Fortunatamente, siamo tutti a un punto dello sviluppo tecnologico in cui sono disponibili opzioni tecnologiche per collegare le nostre idee, sia in team che da soli. Questo concetto è alla base dello sviluppo di Obsidian. Con Obsidian è stato creato un sistema flessibile di gestione delle note per uso privato e commerciale.

Attualmente esistono molti programmi per la creazione di note e probabilmente ne state già utilizzando uno. Forse utilizzate OneNote, un'applicazione per prendere appunti sull'iPhone, un'applicazione per gli appunti, Evernote, Simplenote, Notion o altro.

Quindi, perché vale la pena migrare a Obsidian (o iniziare a farlo)?

Non è una delle solite app per prendere appunti?

In che modo è migliore? Quali sono i vantaggi e perché dovrebbe interessarvi?

Come vedremo in questo libro, ci sono molte caratteristiche che differenziano nettamente Obsidian dalle altre app per prendere appunti. Ma prima di continuare, dobbiamo capire cos'è Obsidian e cosa lo rende diverso.

Che cos'è l'Obsidian?

Obsidian è un'applicazione per la gestione della conoscenza unica ed estremamente efficace. È costruita come un "secondo cervello", un lettore di file basato su Markdown con tag, plug-in e backlink che possono essere collegati a tutti i file rilevanti in una cartella o in un vault specifico ("vault") in modo che gli utenti possano scrivere, modificare e collegare le loro note insieme. Le note vengono archiviate in locale e in remoto (se si vuole) tramite iCloud, GitHub, Google Drive e altri.

Markdown è un semplice linguaggio di registrazione che funziona indipendentemente dal sistema. Il principio è che i caratteri "normali" vengono utilizzati per generare comandi. Ad esempio, **bold** diventa **bold** (cioè la parola in grassetto, generata dagli asterischi). Ma di questo si parlerà più avanti.

Obsidian, lanciato nel 2020 da Erica Xu e Shida Li, riduce il rischio di perdere idee e appunti e protegge da problemi di compatibilità e perdita di dati nel prossimo futuro - gratuitamente.

Il programma è in realtà gratuito per uso personale!

Rendendosi libero per l'uso personale, Obsidian ha eliminato il problema della sperimentazione. Inoltre, non è necessario iscriversi o registrarsi. Ciò significa che le vostre informazioni personali non possono essere condivise o vendute senza il vostro consenso.

Come già detto, Obsidian utilizza i file Markdown al posto dei formati tradizionali delle note, con il grande vantaggio di rendere ogni idea personale a prova di futuro. Le note possono essere trasferite a un altro editor e si possono facilmente cercare e aprire in testo normale. Se si passa da Windows a Mac o Linux, non ci sono problemi.

Questa applicazione consente di creare un wiki personale, cosa che distingue Obsidian dai tradizionali sistemi di annotazione. Questo potente strumento è adatto a un'ampia gamma di settori professionali ed è un must assoluto per chiunque abbia a cuore la gestione della conoscenza. Se siete studenti, scrittori professionisti, blogger, designer, programmatori o ricercatori, Obsidian è una scelta eccellente perché offre piena flessibilità e opzioni di personalizzazione per la presa di appunti senza dover pagare un abbonamento mensile.

Come strumento per prendere appunti in rete, funziona secondo il principio della connessione bidirezionale (backlink), che rende incredibilmente facile prendere appunti. L'annotazione in rete si basa sulla premessa scientificamente fondata che le idee creative emergono quando vengono registrate e hanno la libertà di svilupparsi liberamente in un contesto di rete.

Obsidian simula la ricerca da parte del cervello di collegamenti arbitrari tra i ricordi memorizzati. Tuttavia, quando si crea un concetto, ogni nota viene trattata come una memoria di pensiero separata e poi collegata ad altri pensieri correlati. Poiché Obsidian è in grado di generare connessioni altamente tracciabili, può aiutarvi a riconoscere gli schemi nei vostri appunti, rendendo facile vedere come alcune delle vostre note si relazionino tra loro in modo inaspettato grazie a questi schemi. Avrete creato con facilità un "secondo cervello" molto efficace.

Le note di Obsidian sono memorizzate localmente sul vostro Mac o PC Windows. Pochi si rendono conto delle implicazioni del cloud storage, dei flussi di lavoro basati su app mobili e dell'ecosistema web che sta diventando sempre più popolare. E questo non è un bene, soprattutto per quanto riguarda le informazioni sensibili come idee concettuali, prototipi, ecc.

È possibile installare l'applicazione Obsidian su Mac, Windows e Linux come applicazione desktop o scaricarla per l'ambiente iOS o Android.

Obsidian ha attualmente una comunità di circa 70.000 membri attivi su Discord e 35.000 sul forum in tutto il mondo. È quindi facile ottenere risposte a qualsiasi domanda. La cosa migliore è che non ci sono restrizioni linguistiche: l'app di Obsidian è tradotta in circa 22 lingue e presto ne verranno tradotte altre. In questo modo è possibile creare un'enorme comunità di persone che la pensano allo stesso modo.

Perché proprio Markdown?

Il concetto di lavoro Markdown permette a Obsidian di scrivere facilmente codice senza uscire dal suo contesto di applicazione per prendere appunti. Ma il fatto che sia un'applicazione basata su Markdown la rende una scelta privilegiata? Perché dovrei prenderla in considerazione? Ecco alcuni dei motivi per cui vale la pena provare Markdown:

- Semplice e facile da usare
- Colma il divario tra la codifica e il testo normale
- Con Markdown è possibile prendere rapidamente appunti e scrivere del codice
- Utilizzate intestazioni, caselle di controllo, tabelle, elenchi e collegamenti web con una sintassi semplice.

Perché usare Obsidian App

Quali sono gli altri motivi per usare Obsidian? Anche se probabilmente siete già convinti - dopo tutto, avete comprato questo libro - di seguito vi elencherò altri vantaggi di Obsidian.

- Compatibilità con un'ampia gamma di piattaforme
- Gratuitamente e immediatamente
- Strumento fantastico per gli scrittori che devono concentrarsi su un numero modesto di parole.
- Aggiungete e visualizzate facilmente file come immagini, PDF e file audio.
- Mostrare le relazioni tra note e oggetti nella vista diagramma
- Riferimento alla nota corrente in altre note
- Comunità attiva e sempre pronta ad aiutare

Sincronizzazione ossidiana

Obsidian offre un'opzione Premium Sync a pagamento e criptata che mantiene automaticamente sincronizzati i file sui dispositivi mobili. Tuttavia, Premium Obsidian Sync non è necessario per utilizzare lo strumento; è l'opzione più completa per sincronizzare i vault tra i dispositivi desktop e mobili. Per l'uso commerciale è previsto un canone annuale, mentre per gli appassionati di Obsidian è previsto un livello "Catalyst" per sostenere il team e ottenere l'accesso anticipato alle nuove funzionalità. Tuttavia, se lo si usa per prendere appunti e per la creatività, non si deve pagare nulla.

Per inciso, esistono alternative gratuite se la sincronizzazione è importante per voi ma non volete pagare nulla. Si tratta essenzialmente di salvare il file con le note, il vault (non il programma stesso) in un cloud (ad esempio iCloud) e poi accedervi con i vari dispositivi. Le istruzioni su come fare sono disponibili nel forum di Obsidian.

Applicazioni mobili

Come accennato, Obsidian offre anche applicazioni mobili disponibili per iOS e Android, in modo da poter accedere al sistema di gestione della conoscenza anche se non si ha accesso al computer. La versione iOS funziona sia su iPhone che su iPad.

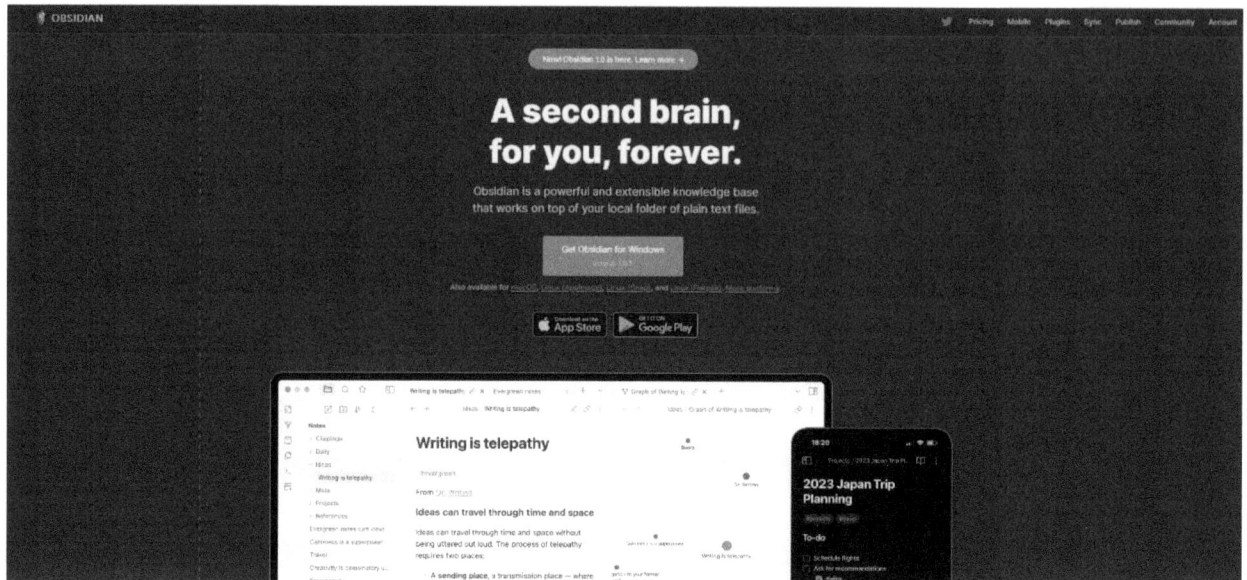

Tuttavia, il motivo principale per cui è stata redatta questa guida per principianti è quello di fornire istruzioni dettagliate, passo dopo passo, su come utilizzare Obsidian per ottenere una produttività ottimale. Ora che sapete cos'è Obsidian e cosa potete aspettarvi, cominciamo dalle basi.

Primi passi

Anche se all'inizio l'uso di Obsidian può sembrare scoraggiante, non si tratta di scienza missilistica e può essere compreso con poco sforzo. Seguendo le procedure descritte in questa guida, potrete utilizzare comodamente l'applicazione per semplificare la vostra vita personale e professionale e aumentare la vostra produttività. Prima di iniziare con i dettagli, è necessario scaricare, installare e avviare una versione compatibile con il proprio sistema operativo (Windows, Linux o Mac). La cosa migliore è che potete usare Obsidian anche sul vostro cellulare. Andate sul sito web di Obsidian https://obsidian.md per scaricare ed eseguire la versione che fa al caso vostro. Una volta completata l'installazione, verrà visualizzata la schermata seguente:

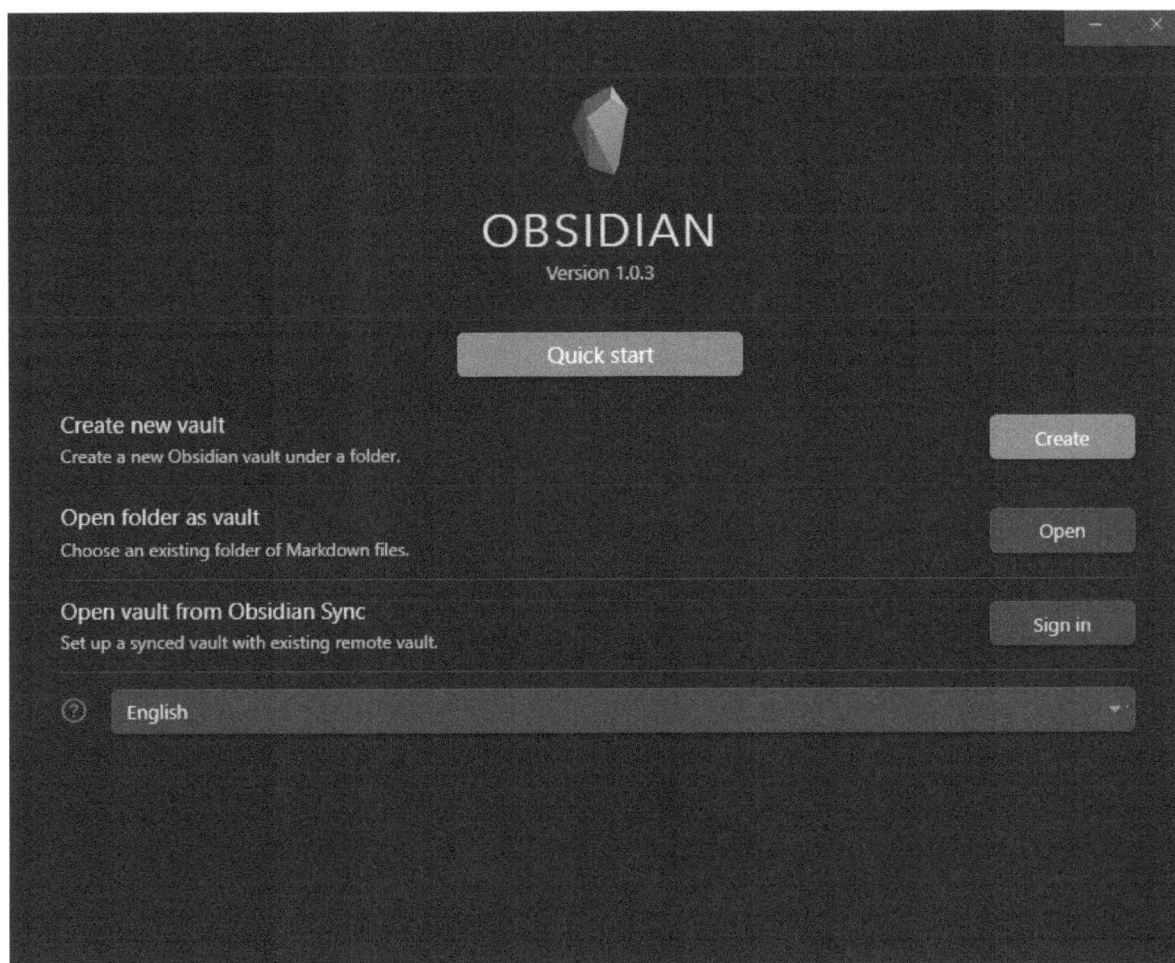

Dopo l'installazione, è necessario creare un vault. Si tratta di una cartella in cui vengono archiviati gli appunti nel file system locale; può anche essere collegata a **Dropbox**. Le note possono essere archiviate in vault separati o in un unico vault.

Selezionate quindi "Create new vault" e seguite le istruzioni, che vi reindirizzeranno alla posizione di archiviazione sul computer, quindi selezionate la posizione di archiviazione per le note.

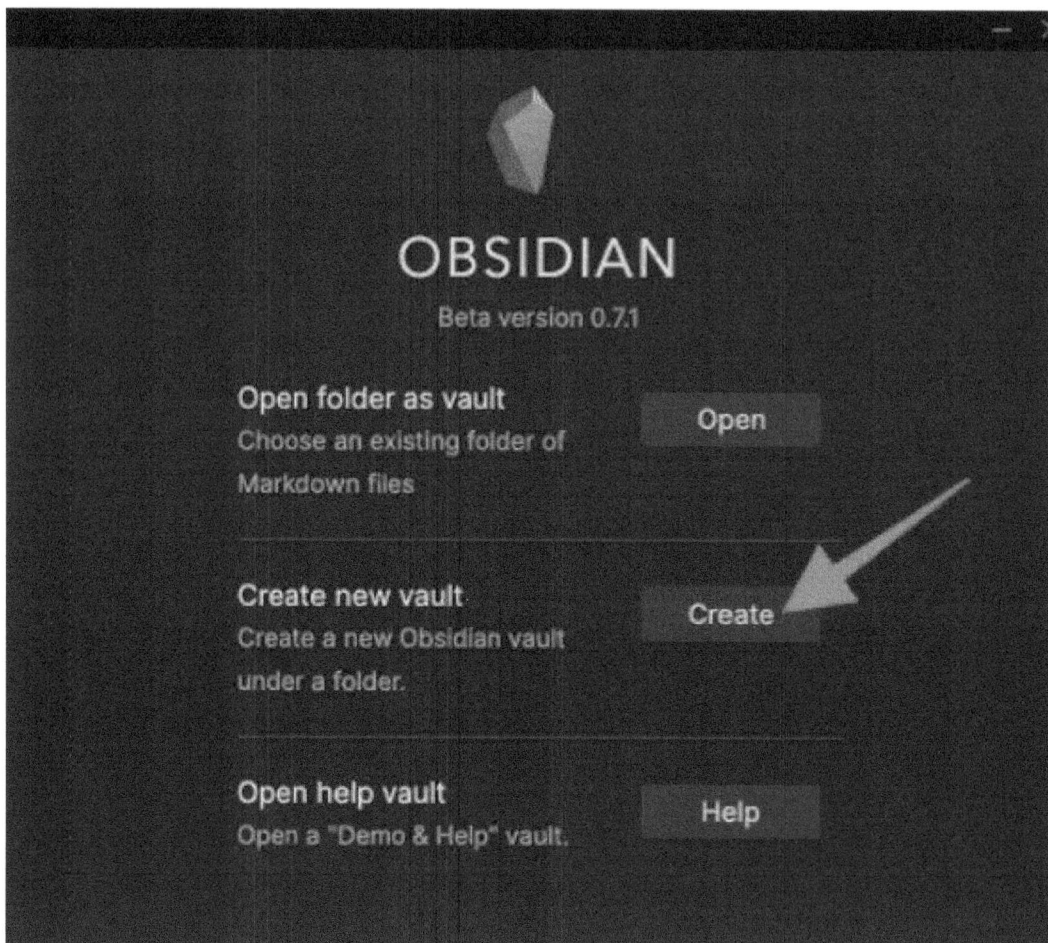

Modificare il nome della vault, se lo si desidera, e fare clic su **Crea**.

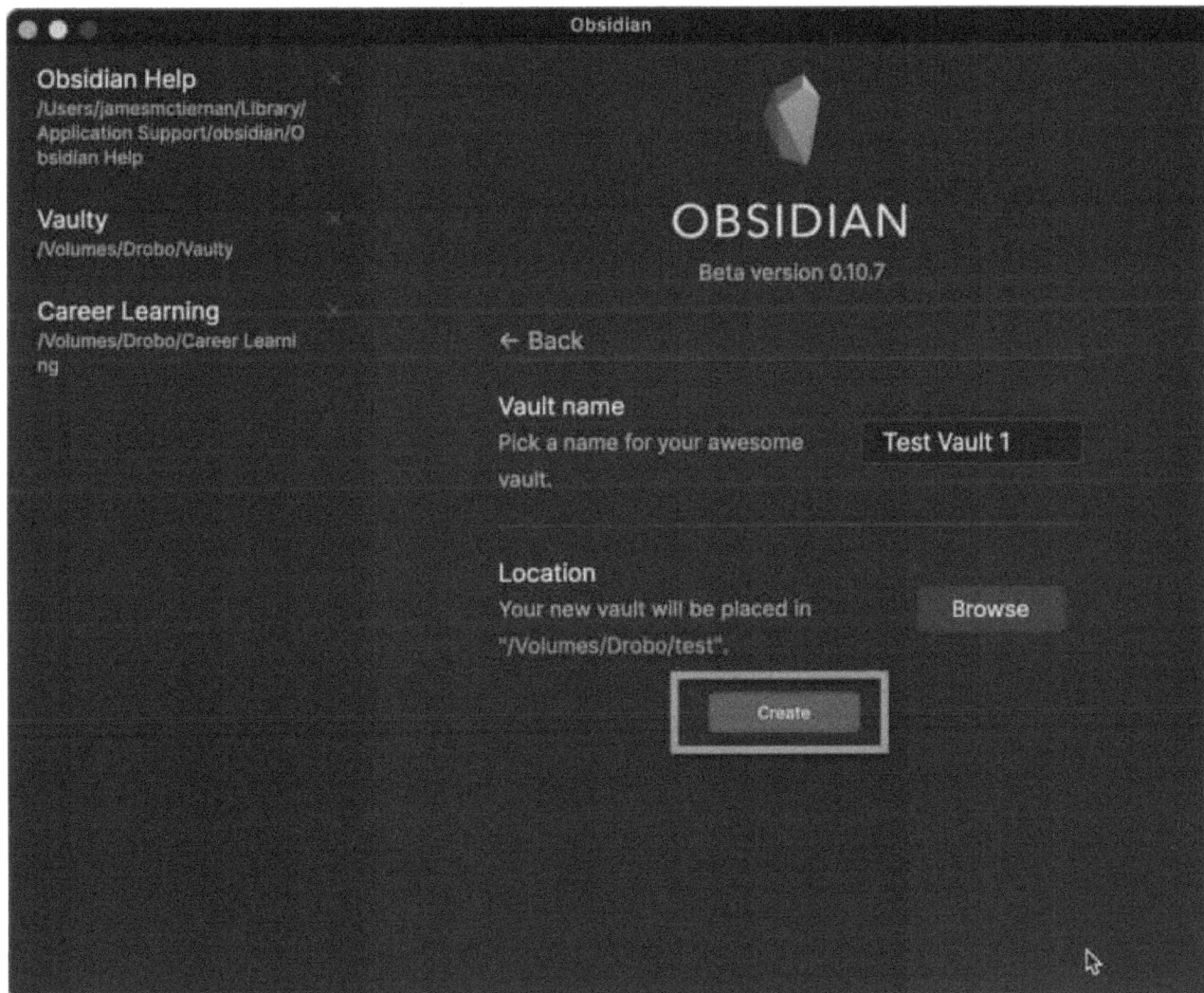

Una volta fatto questo, siete pronti a partire.

Successivamente, è necessario familiarizzare con l'interfaccia utente di Obsidian e sapere come orientarsi, a cosa servono le singole finestre e sezioni e quali sono le scorciatoie disponibili.

Interfaccia

L'illustrazione seguente mostra l'interfaccia utente di Obsidian dopo l'installazione e la creazione del vault principale. Nel riquadro di sinistra sono riportati i comandi che si possono usare per navigare facilmente in Obsidian. Vedrete i file, il pannello delle cartelle e l'area per creare la vostra prima nota.

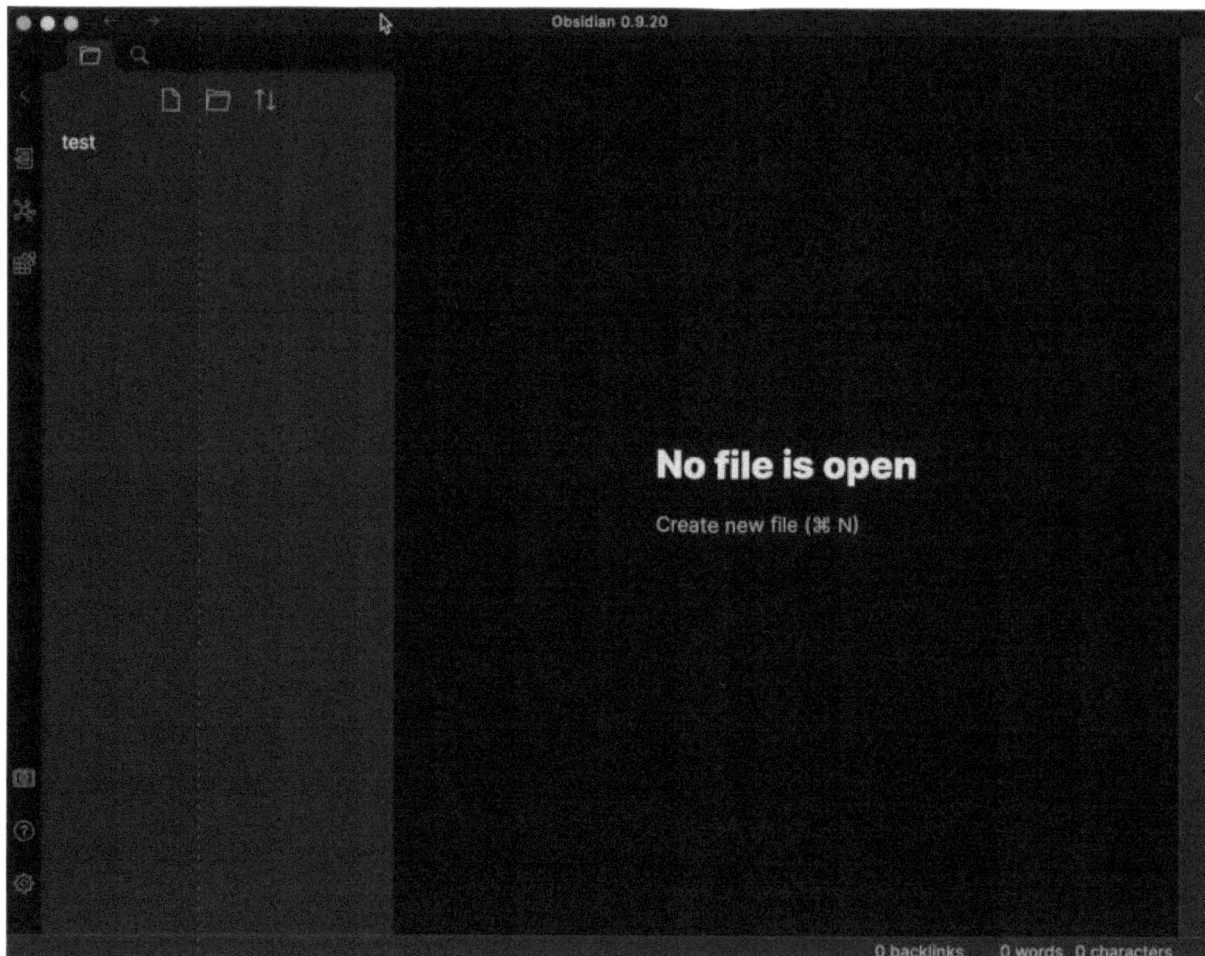

La schermata iniziale è abbastanza chiara e contiene quattro sezioni. Queste sezioni contengono i comandi di base necessari per prendere comodamente appunti e interagire efficacemente con l'interfaccia utente. I pulsanti aggiuntivi delle barre degli strumenti sono opzionali e verranno trattati più avanti in questa guida. Le sezioni comprendono:

Barra degli strumenti

Gli strumenti più importanti si trovano all'estrema sinistra e possono essere passati con il puntatore del mouse per saperne di più. In quest'area si trova anche la "vista diagramma aperto", molto utile se si hanno molti appunti. Ne parleremo presto in dettaglio.

Sezione File/cartelle

Questa parte dell'applicazione contiene le note pertinenti che sono state fatte nell'applicazione. Sono presenti anche pulsanti per la creazione di nuovi file e cartelle. Attivando alcuni pulsanti, è possibile spostare i file in nuove cartelle con la sintassi o semplicemente trascinarli. È inoltre possibile comprimere le cartelle per accedere ai contenuti in esse contenuti.

Documento attivo

Qui si possono vedere le note attive su cui si sta lavorando. Tuttavia, è possibile creare la prima nota in quest'area vuota premendo Ctrl o Ctrl + N per i nuovi file o Ctrl o Ctrl + O per accedere a una nota già salvata. Si tratta delle stesse scorciatoie da tastiera che forse conoscete già dai programmi di Windows.

Elenco dei link

Sul lato destro dell'interfaccia utente è possibile vedere tutti i collegamenti creati per il documento corrente. È anche possibile fare annotazioni non collegate (menzioni non collegate) alla nota corrente, se non si vuole dimenticare un'idea o un commento.

Di seguito è riportata una schermata delle diverse sezioni dell'interfaccia utente. Si noti che la sezione 4 è visibile solo se si fa clic sul pulsante **"Espandi"** in alto a destra. Con lo stesso pulsante si può anche **richiuderla:**

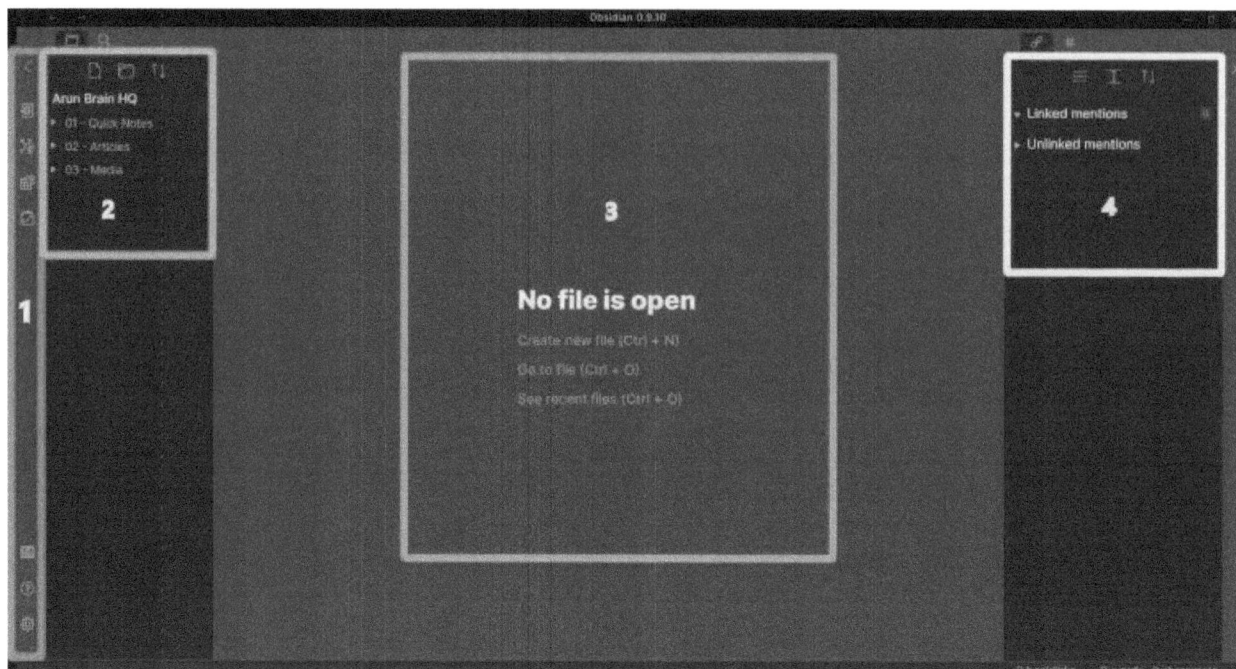

Pannello di controllo sinistro (in alto a sinistra)

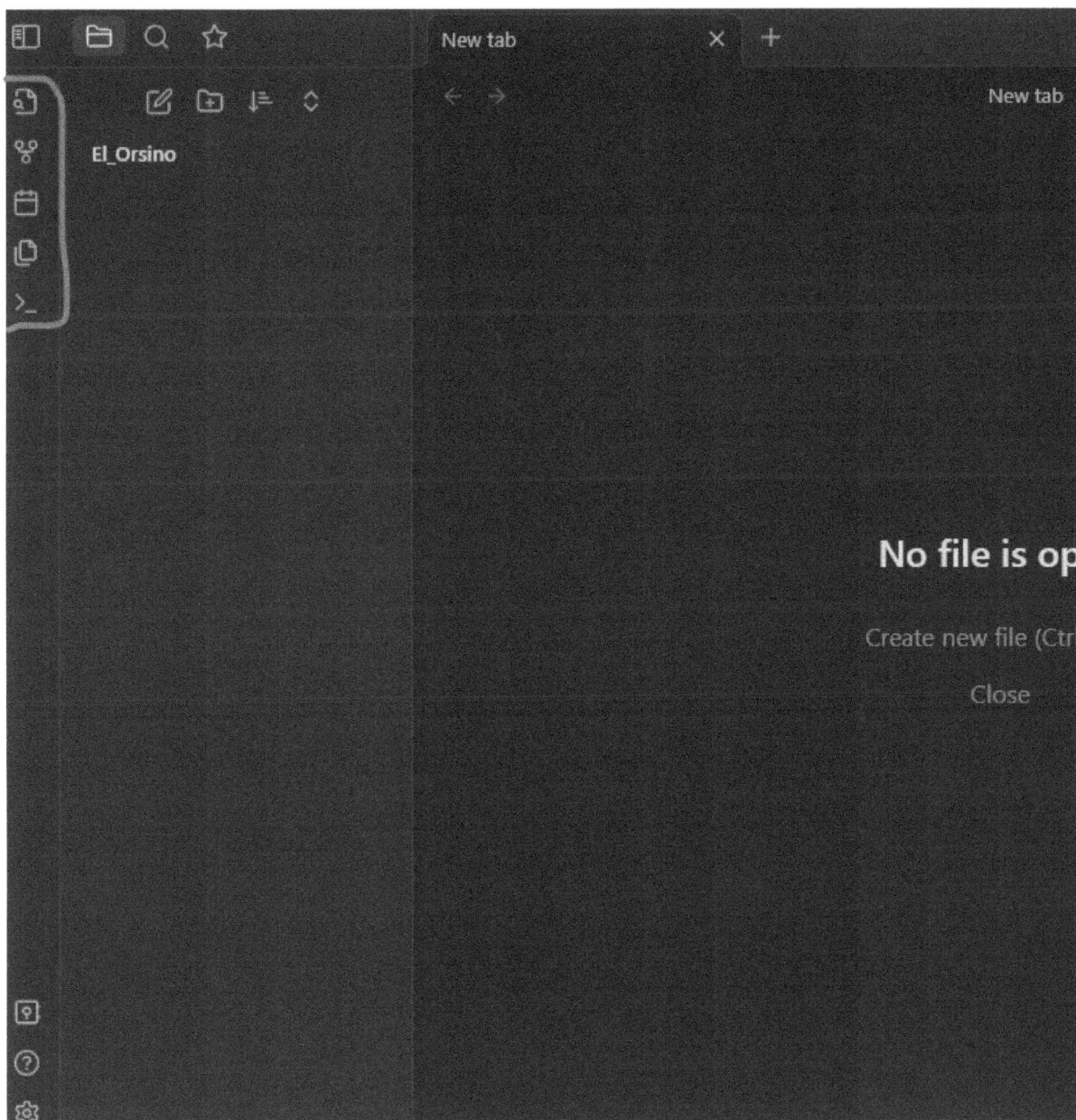

L'area all'estrema sinistra contiene quattro icone principali, come mostrato nell'illustrazione precedente:

Aprire il Commutatore rapido

In quest'area è possibile aprire rapidamente le pagine inserendo il nome della pagina nel campo di testo, come mostrato nella figura seguente.

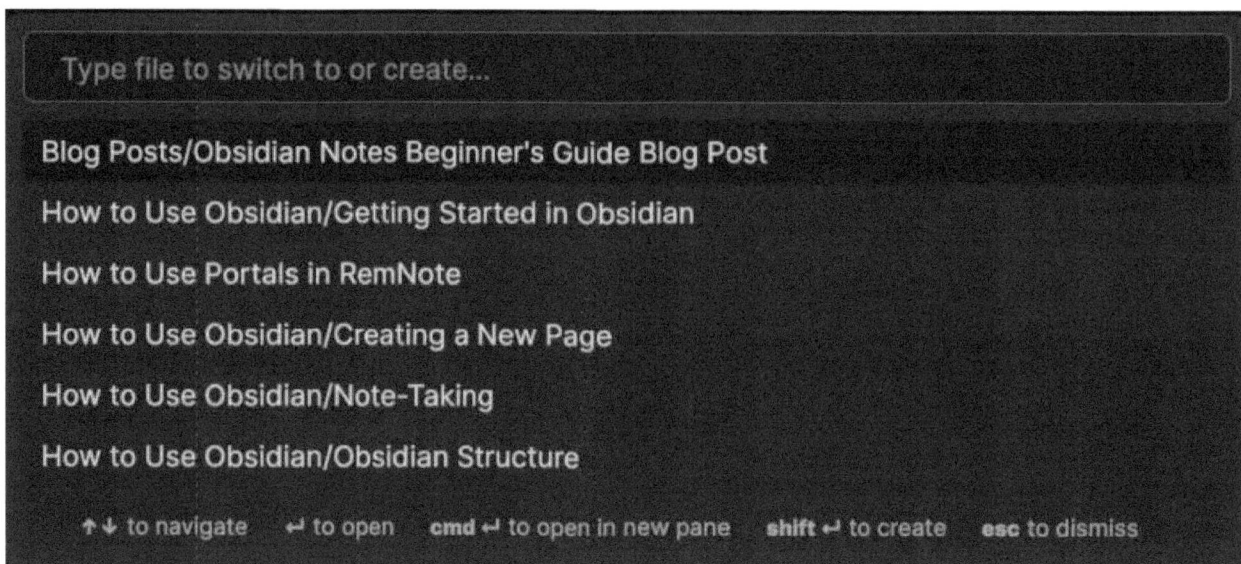

Type file to switch to or create...

Blog Posts/Obsidian Notes Beginner's Guide Blog Post

How to Use Obsidian/Getting Started in Obsidian

How to Use Portals in RemNote

How to Use Obsidian/Creating a New Page

How to Use Obsidian/Note-Taking

How to Use Obsidian/Obsidian Structure

↑↓ to navigate   ↵ to open   cmd ↵ to open in new pane   shift ↵ to create   esc to dismiss

Vista Open Graph

Viene visualizzato un diagramma che mostra i collegamenti tra le singole note/pagine. Questo diagramma verrà spiegato in dettaglio più avanti in questo manuale.

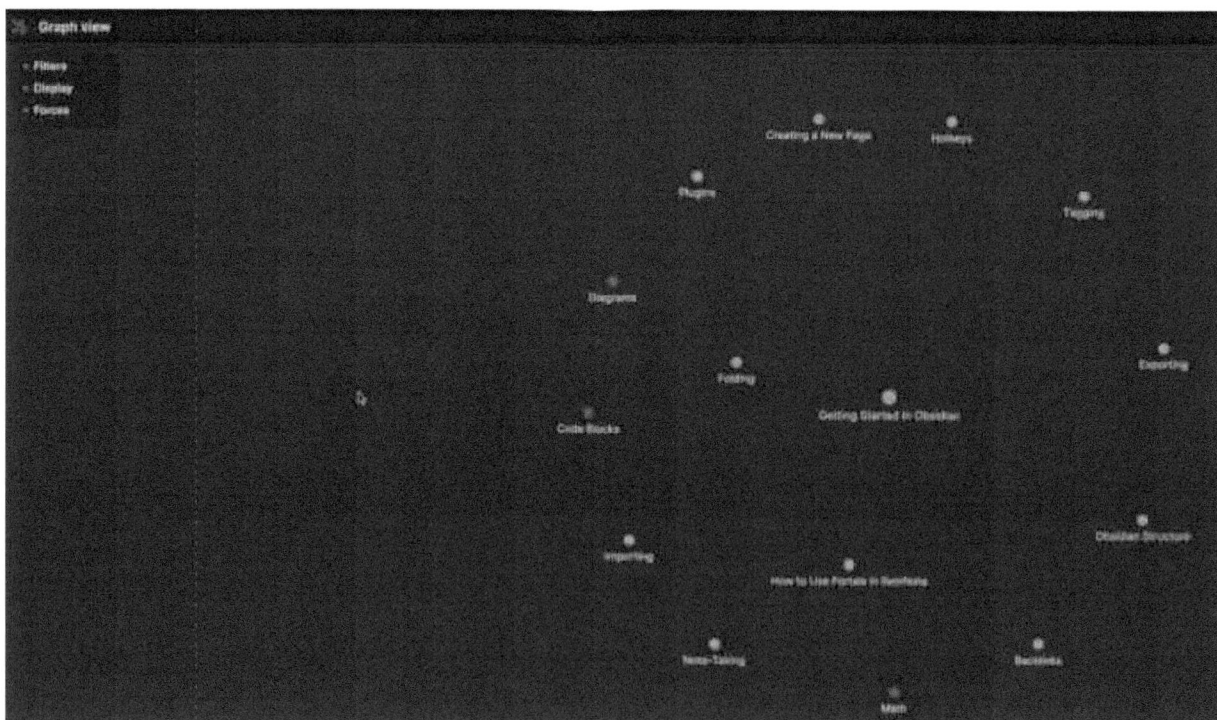

Aprire la nota giornaliera di oggi

Non appena si fa clic su di essa, si apre automaticamente la sezione in cui si deve inserire la nota con la data esatta. Vedere l'immagine di seguito:

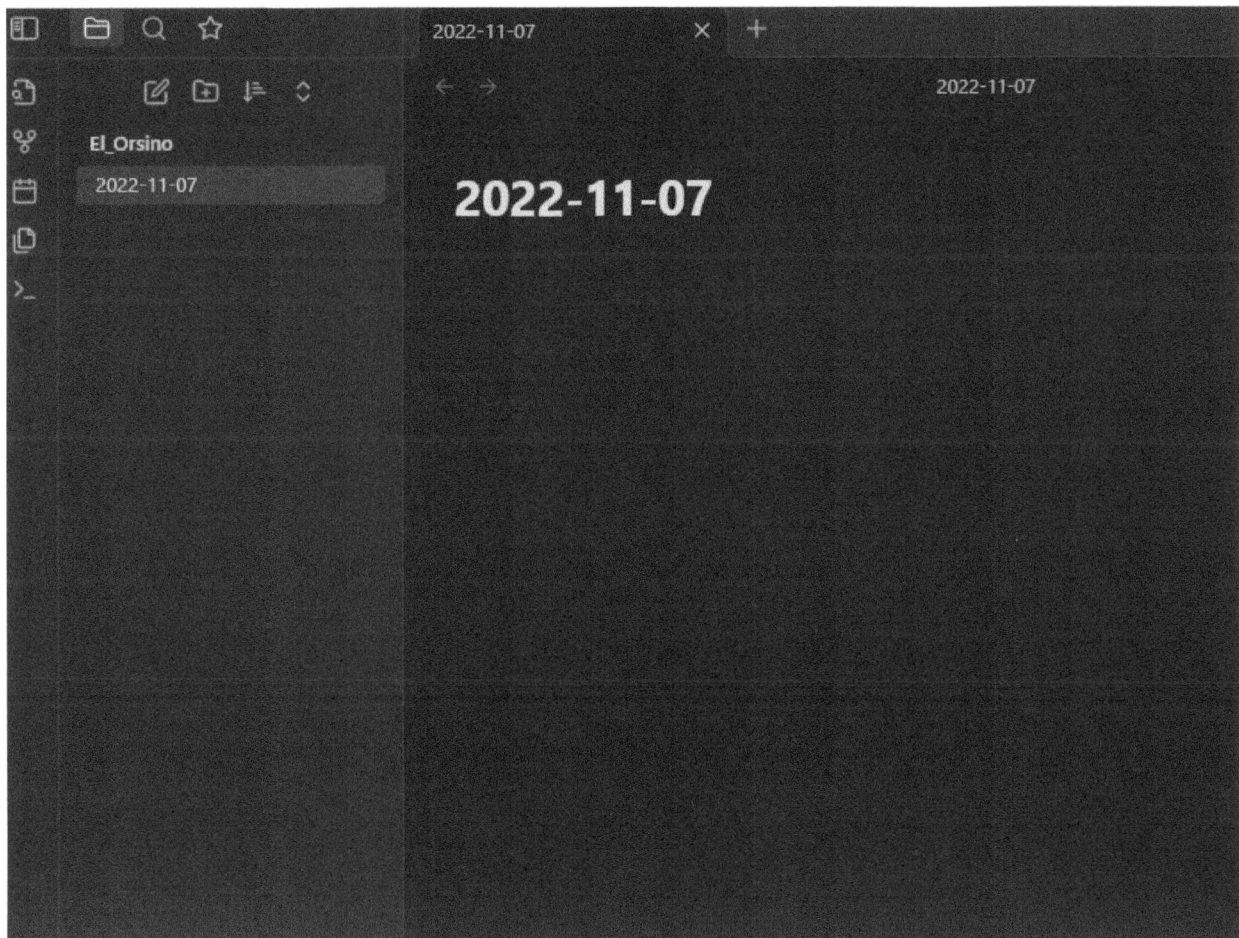

Pannello pieghevole

Questa funzione collassa l'intera finestra di sinistra. Apre la tavolozza dei comandi non appena viene attivata.

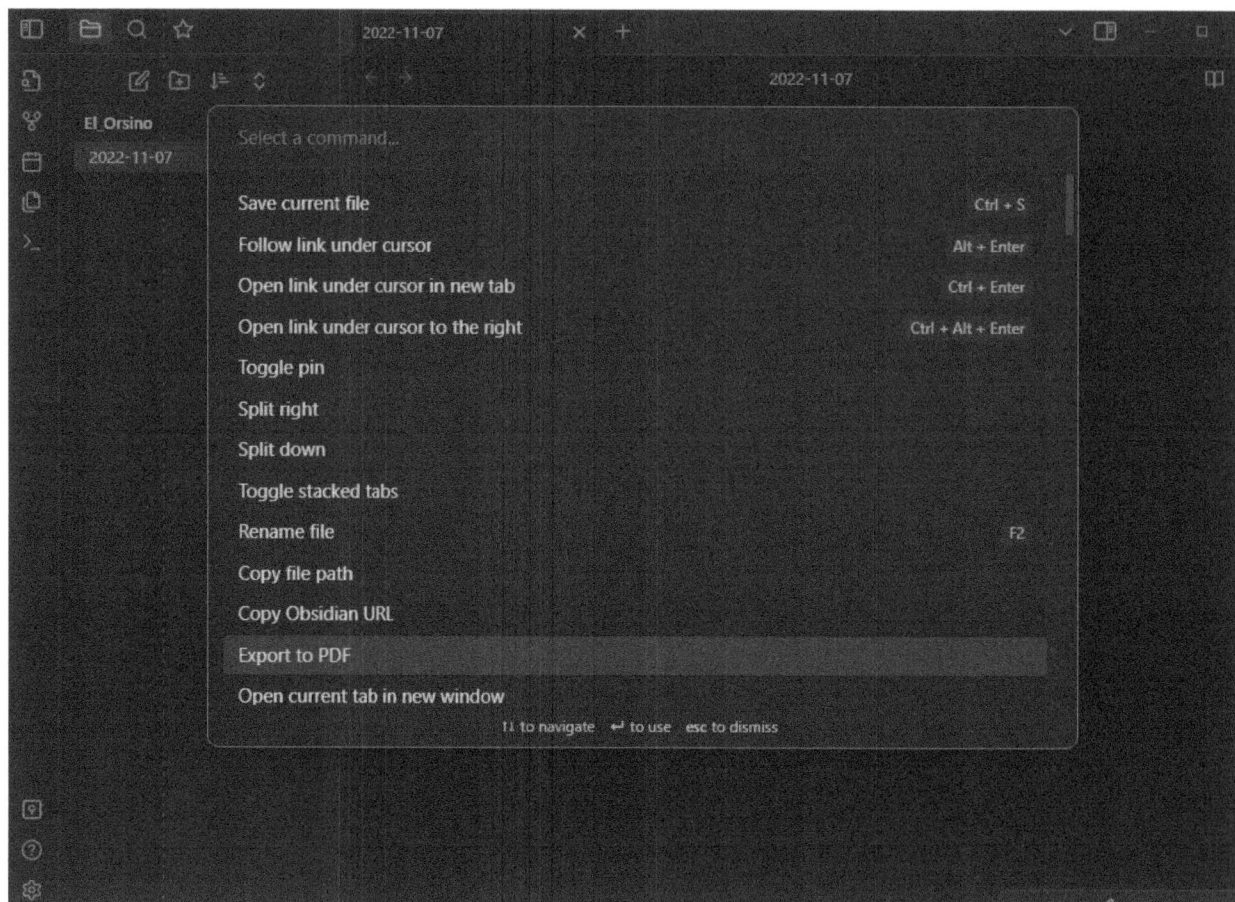

Finestra sinistra (in basso a sinistra)

In basso a sinistra della finestra di sinistra sono presenti altri tre pulsanti, come mostrato nella seguente illustrazione: Apri un altro vault, Guida e Impostazioni:

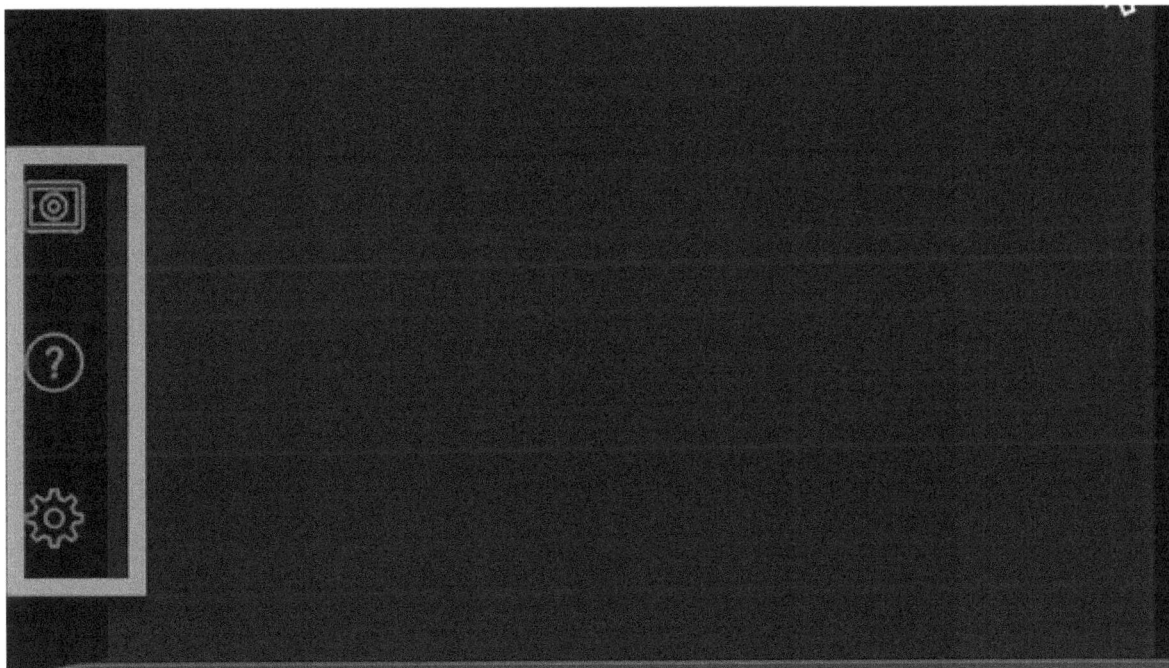

Aprire un altro vault

Facendo clic su questo pulsante, è possibile accedere e aprire un altro vault quando viene visualizzata una finestra pop-up, come mostrato nella schermata seguente; è possibile creare un nuovo vault o aprire vault esistenti.

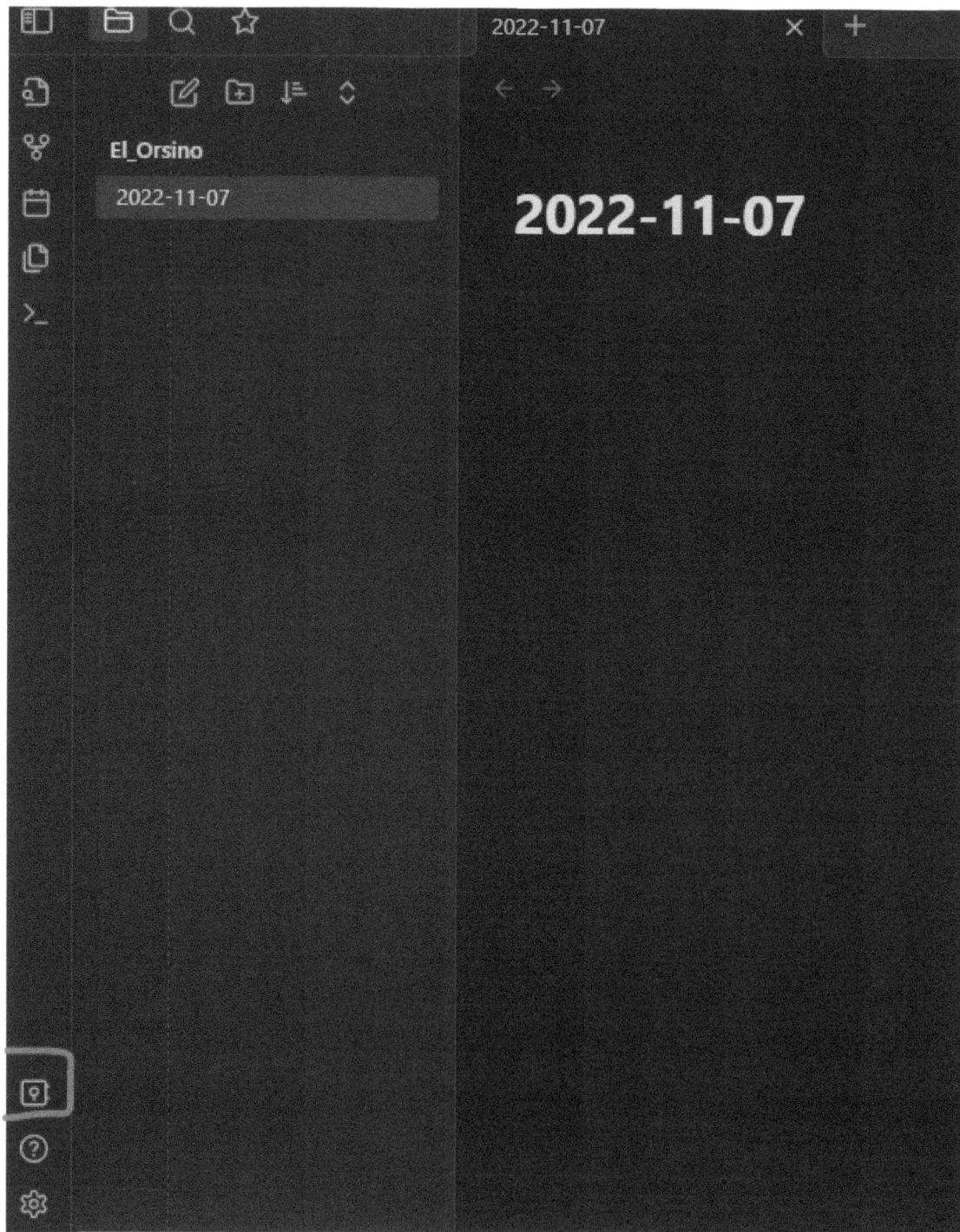

Se si fa clic sull'icona "Create new vault", si apre la finestra successiva per la creazione di un nuovo vault.

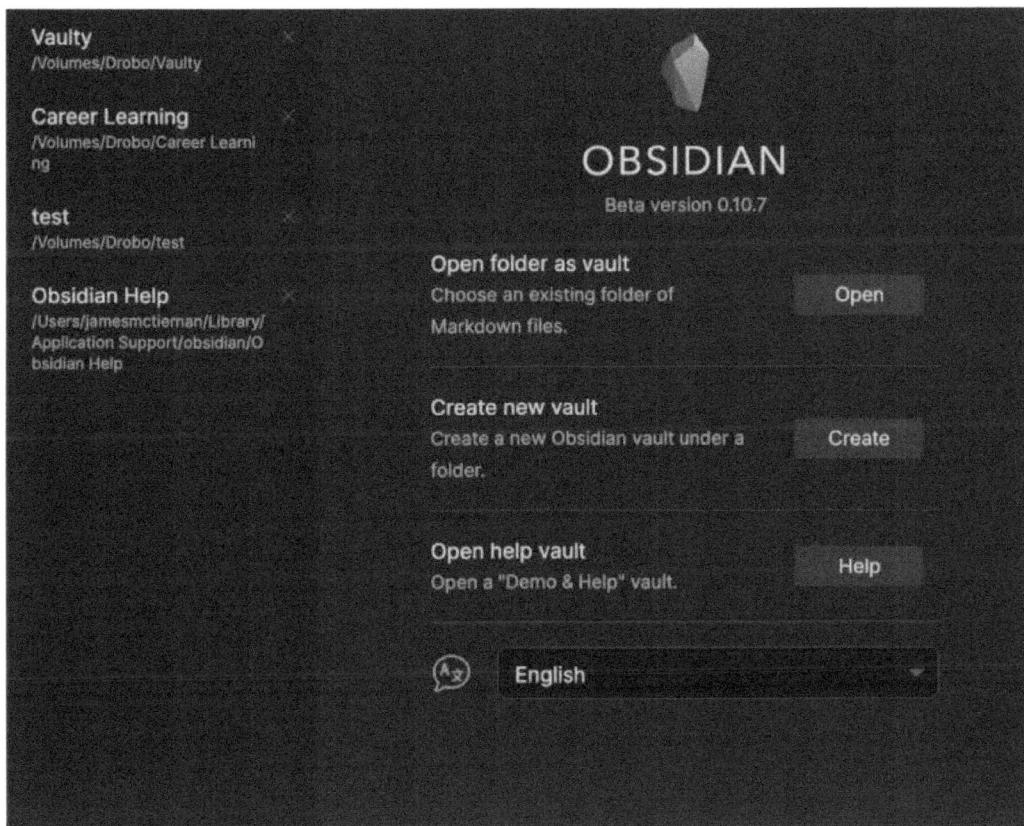

Aiuto

La schermata qui sotto mostra come cliccare sul pulsante di aiuto, indicato da un punto interrogativo in un cerchio. Questa sezione vi aiuterà a orientarvi in Obsidian, poiché gli sviluppatori documentano attentamente tutte le funzioni e le caratteristiche per facilitarne l'uso.

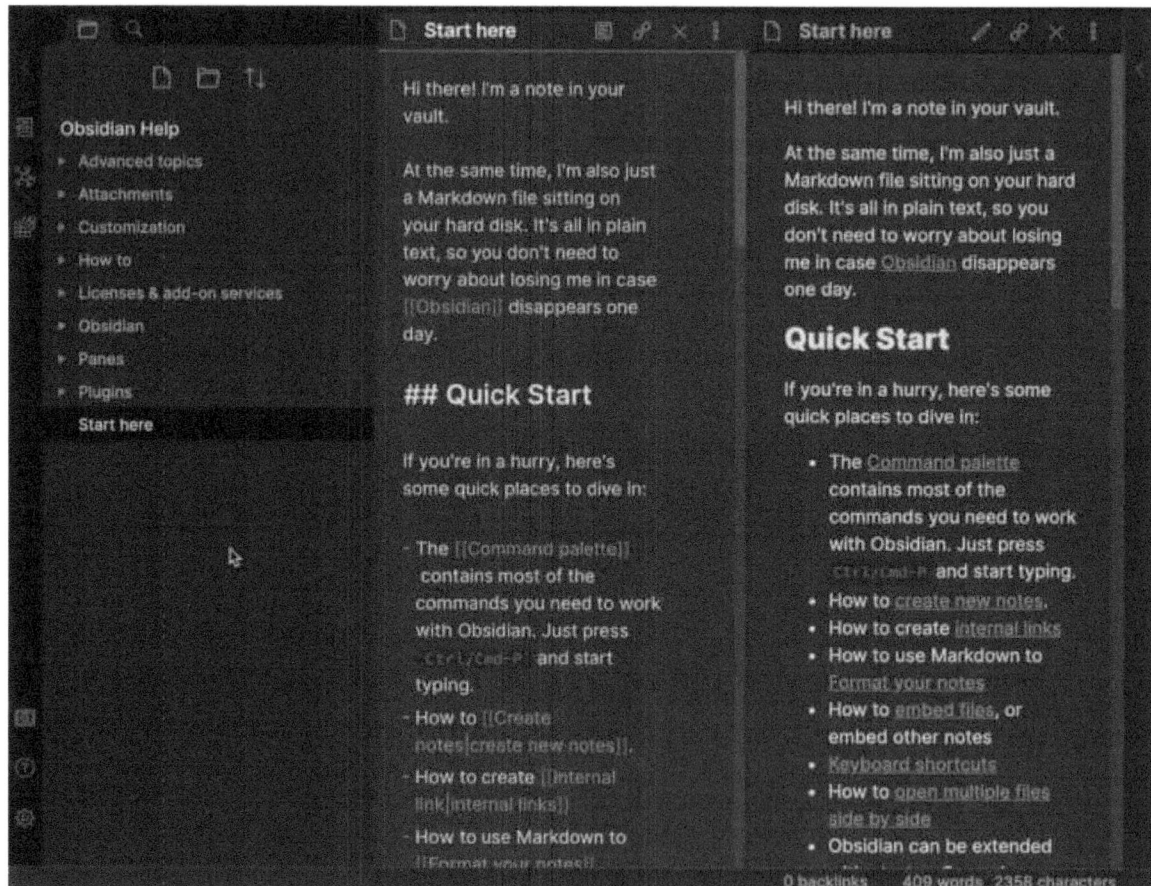

Impostazioni

Tramite il pulsante "Impostazioni" è possibile effettuare diverse impostazioni, ad esempio impostare i tasti di scelta rapida, convertire l'HTML in Markdown quando si inserisce un tema personalizzato, attivare plug-in standard ed esterni, modificare l'aspetto e attivare e disattivare il correttore ortografico.

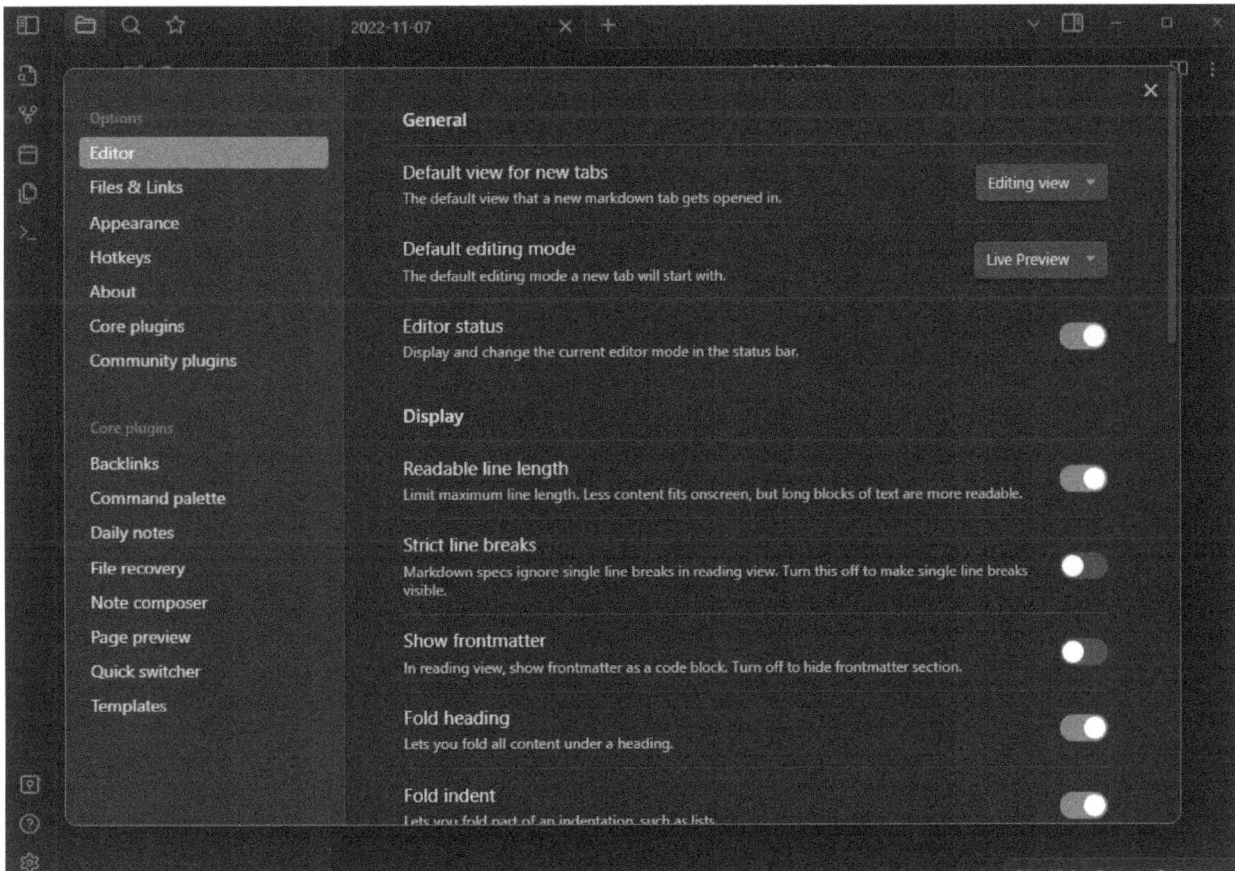

Impostazioni di base

Ci sono alcuni pulsanti opzionali, mentre altri sono abilitati per impostazione predefinita. Poiché in questa sezione ci occuperemo principalmente dei pulsanti di scorrimento, è meglio che seguiate il mio esempio, in quanto sincronizziamo le funzioni più importanti con l'app. Nelle impostazioni sono presenti principalmente sottosezioni come Editor, Plug-in, File e link, Aspetto, Tasti di scelta rapida, Informazioni sull'account e Plug-in di terze parti. Tuttavia, di seguito è riportata una guida passo-passo su come impostare ciascun pulsante.

Editore

Schermate della configurazione della sottoarea Editor:

Passo 1

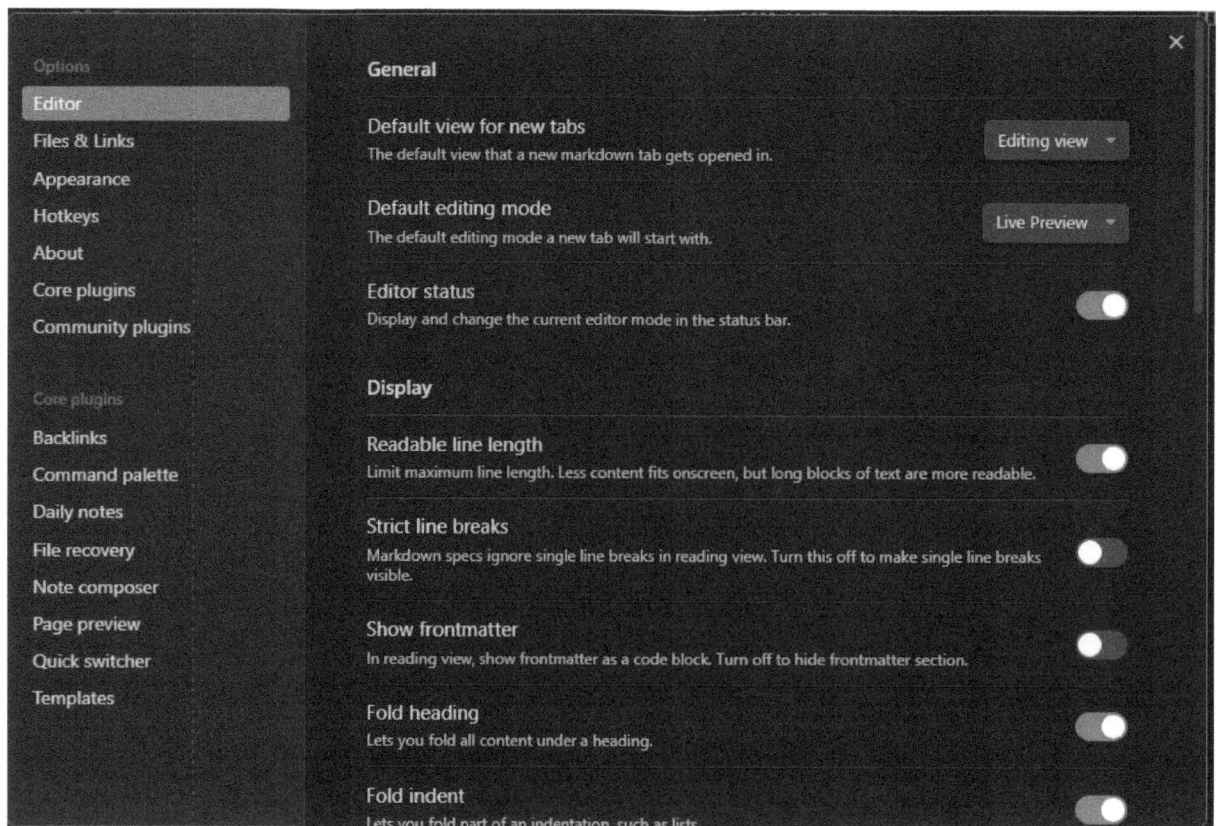

Passo 2

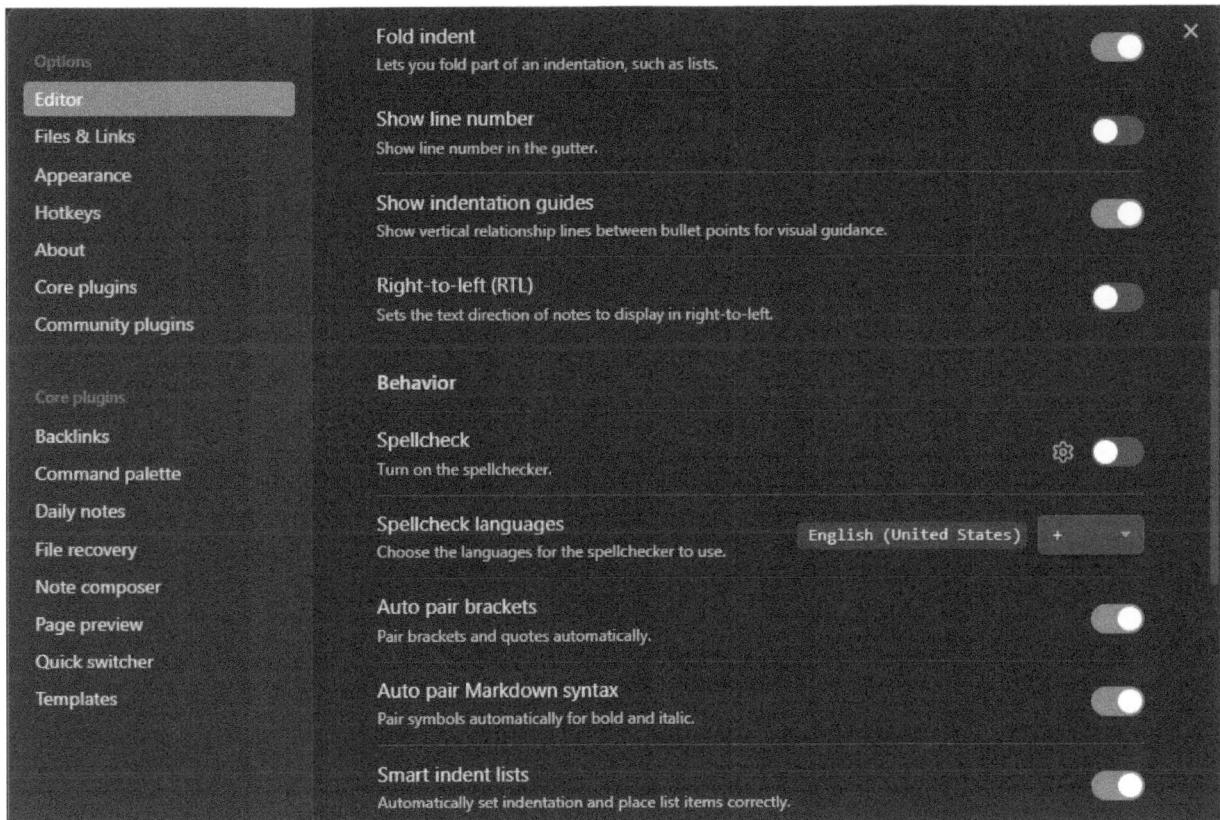

| Fold indent |
| Lets you fold part of an indentation, such as lists. |

Options
Editor
Files & Links
Appearance
Hotkeys
About
Core plugins
Community plugins

Core plugins
Backlinks
Command palette
Daily notes
File recovery
Note composer
Page preview
Quick switcher
Templates

Fold indent
Lets you fold part of an indentation, such as lists.

Show line number
Show line number in the gutter.

Show indentation guides
Show vertical relationship lines between bullet points for visual guidance.

Right-to-left (RTL)
Sets the text direction of notes to display in right-to-left.

Behavior

Spellcheck
Turn on the spellchecker.

Spellcheck languages
Choose the languages for the spellchecker to use.

English (United States)

Auto pair brackets
Pair brackets and quotes automatically.

Auto pair Markdown syntax
Pair symbols automatically for bold and italic.

Smart indent lists
Automatically set indentation and place list items correctly.

Passo 3

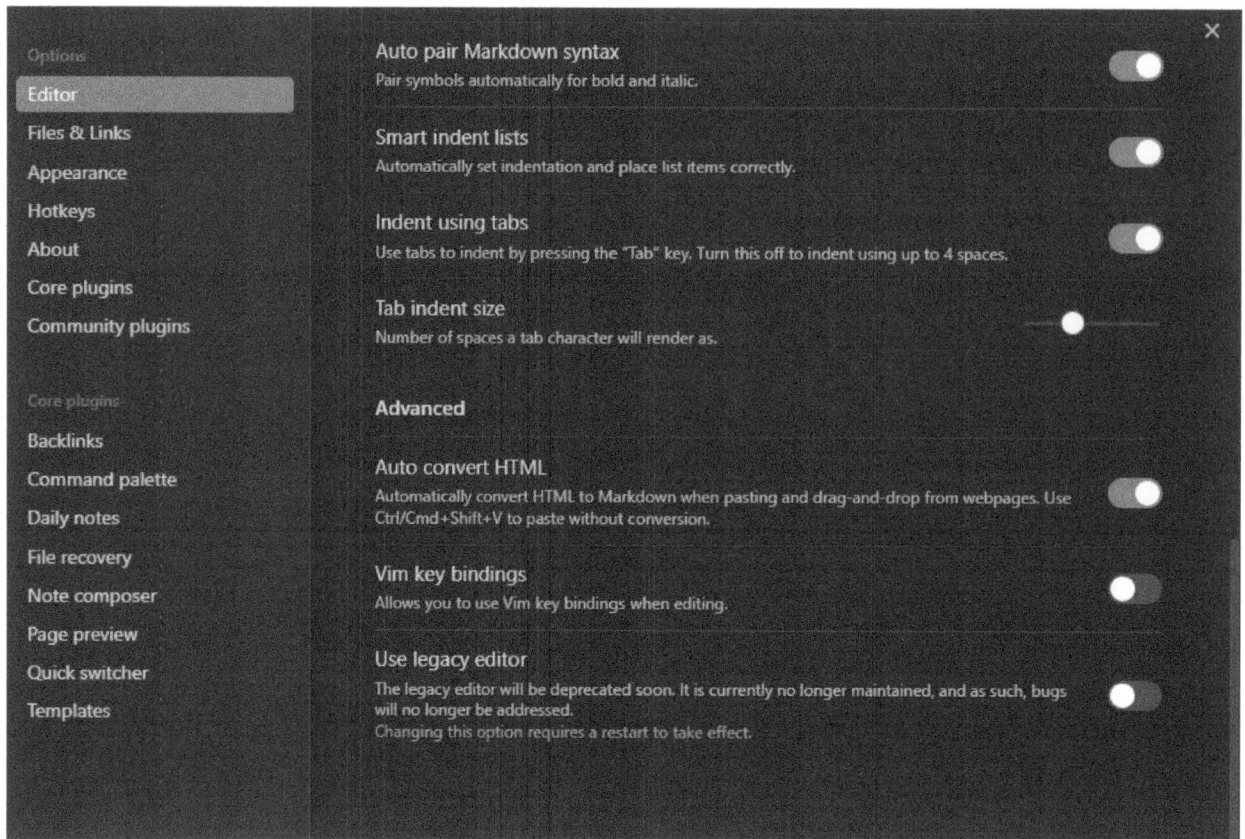

File e link

Per configurare la sottosezione "File":

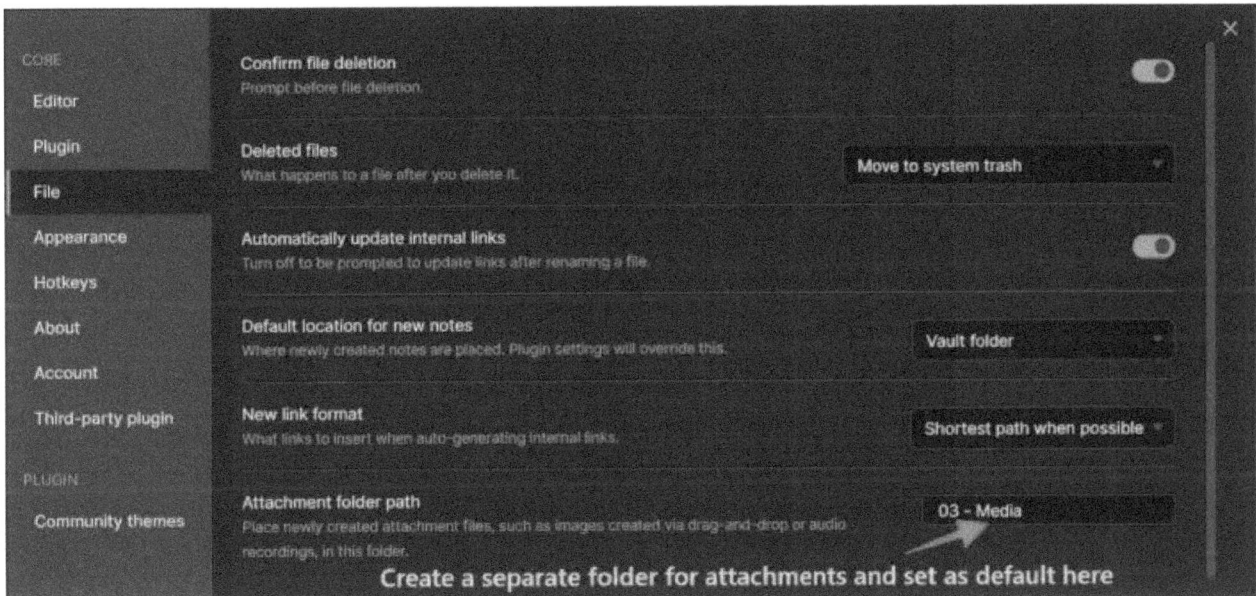

Aspetto

Per configurare la sottosezione "Appearance" (Aspetto):

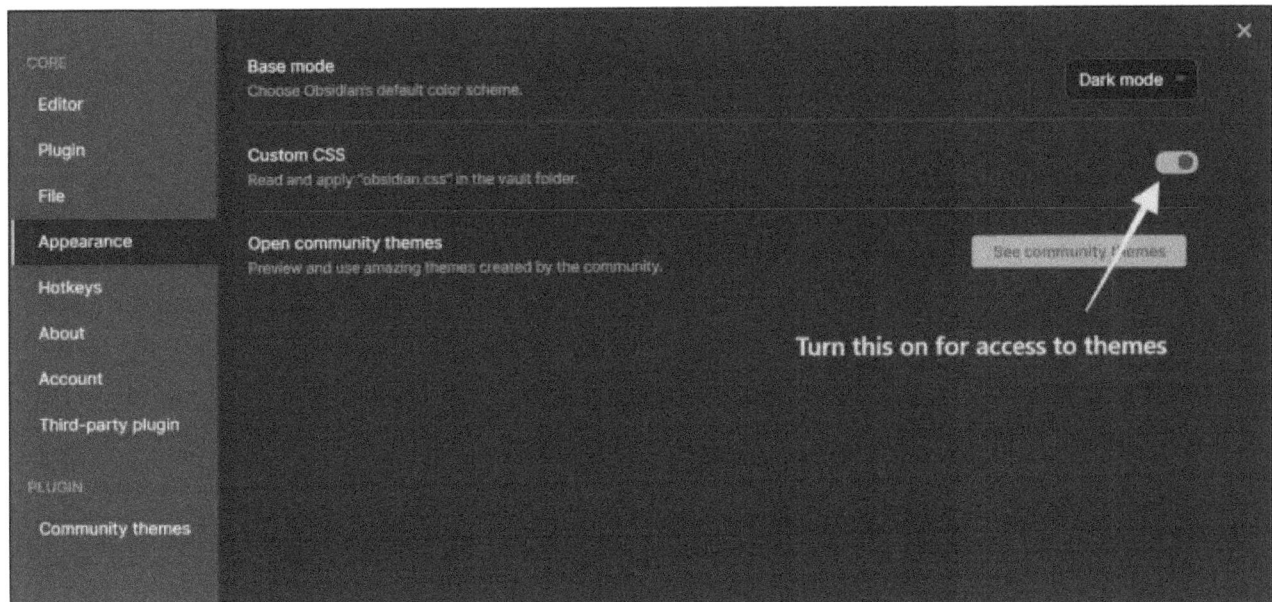

Nota: per le altre sottosezioni, si consiglia di lasciare le impostazioni predefinite. Tuttavia, è possibile conoscere gli ultimi sviluppi attraverso la sottosezione Informazioni. È possibile personalizzare l'interfaccia dell'applicazione Obsidian attraverso la sezione Temi della comunità.

Scorciatoie da tastiera

Qui è possibile assegnare i comandi ai pulsanti per eseguire determinate azioni. Questo aspetto verrà approfondito più avanti in questa guida:

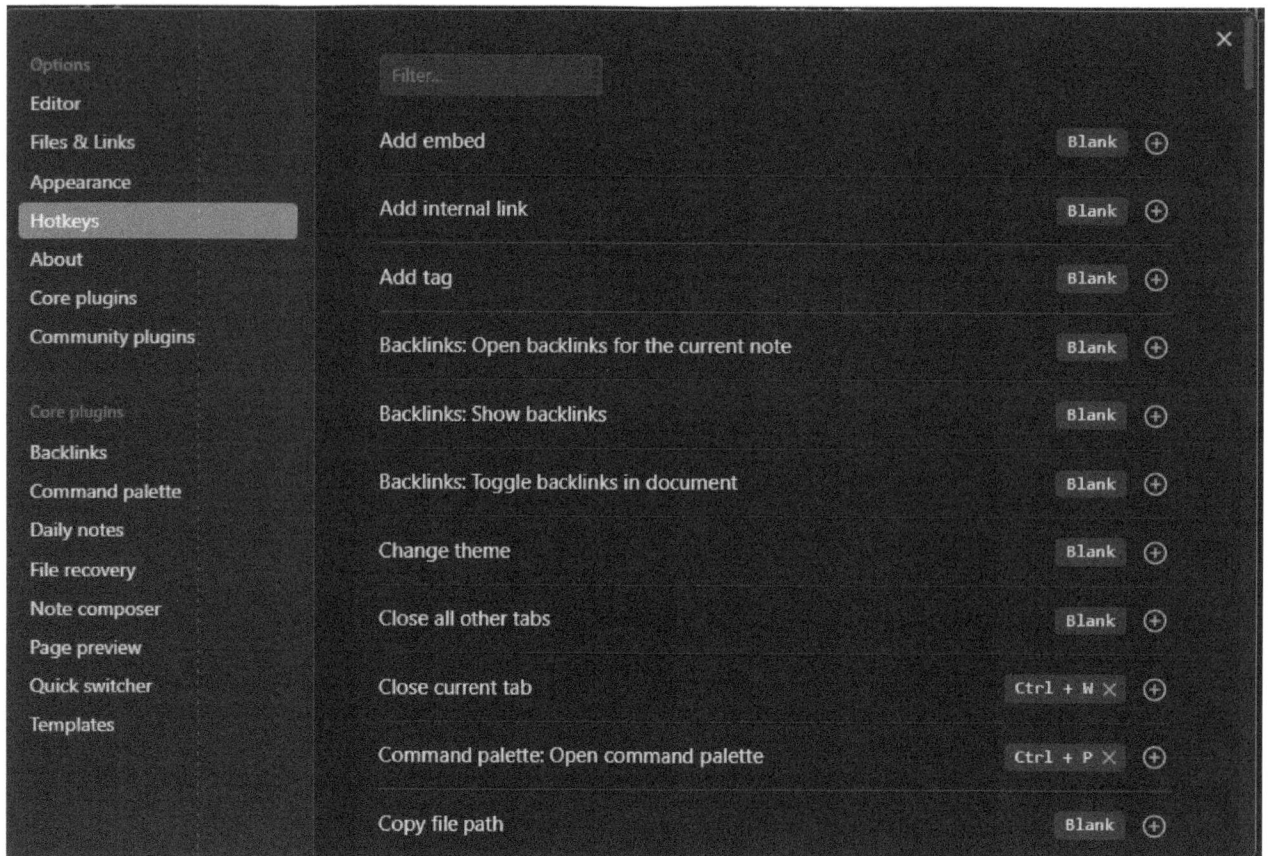

Plugin di base

Le opzioni di personalizzazione praticamente illimitate che Obsidian offre giocano un ruolo importante nella sua attuale popolarità. Con l'aiuto dei plug-in, è possibile modificare facilmente l'aspetto dell'interfaccia e integrare altre piattaforme utili nella propria applicazione Obsidian.

I plug-in sono una parte essenziale del successo dell'applicazione, ma è importante scegliere con cura i plug-in da utilizzare. Comprendetene le funzionalità e valutate se ne avete bisogno in base ai vostri obiettivi.

Tuttavia, i plug-in principali sono plug-in integrati che vengono avviati come opzioni standard. Come attivare i plug-in core.

Passo 1: accedere alla sezione Impostazioni

Passo 2: selezionare il plug-in principale

Fase 3: Selezionare il plug-in preferito disattivando o attivando il cursore.

Schermate che mostrano come deve essere configurata la sottosezione Core Plug-in:

Passo 1

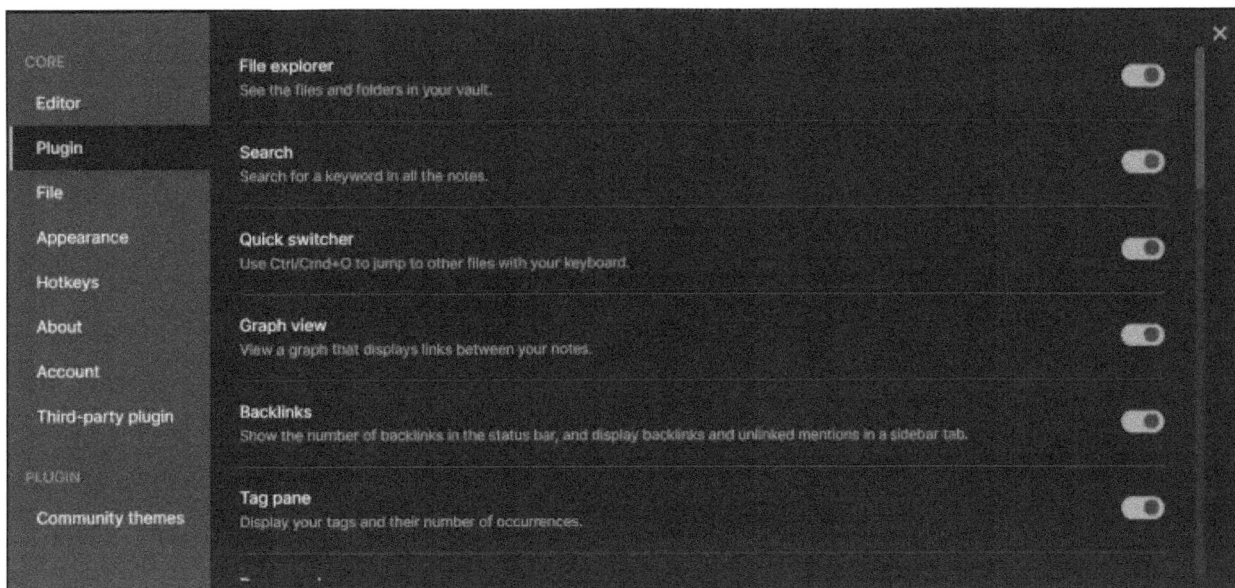

Passo 2

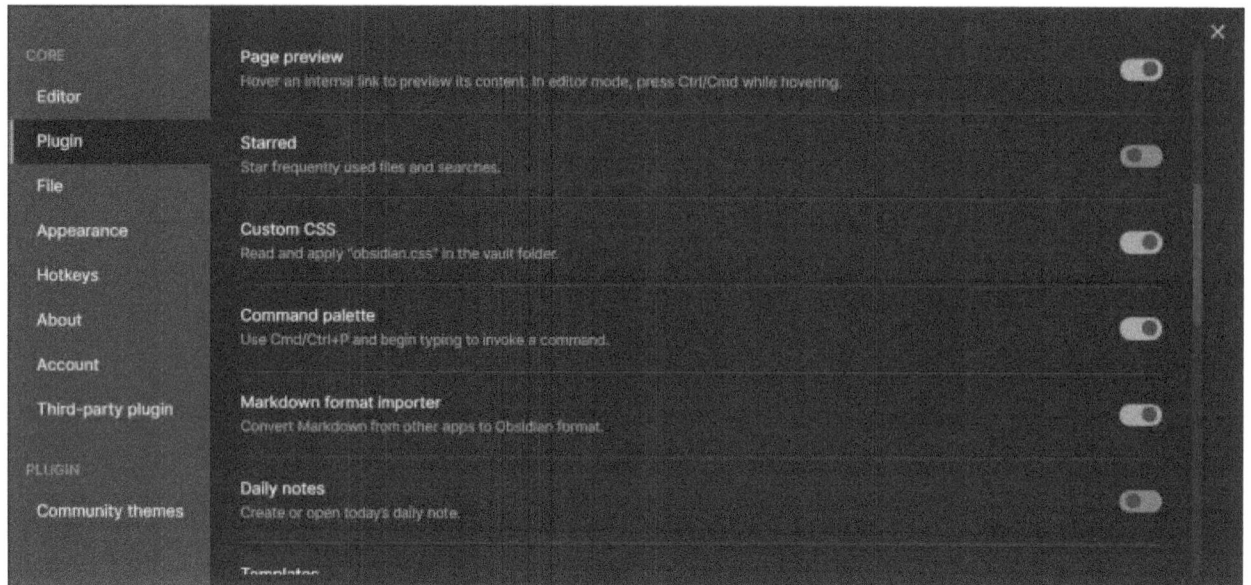

Passo 3

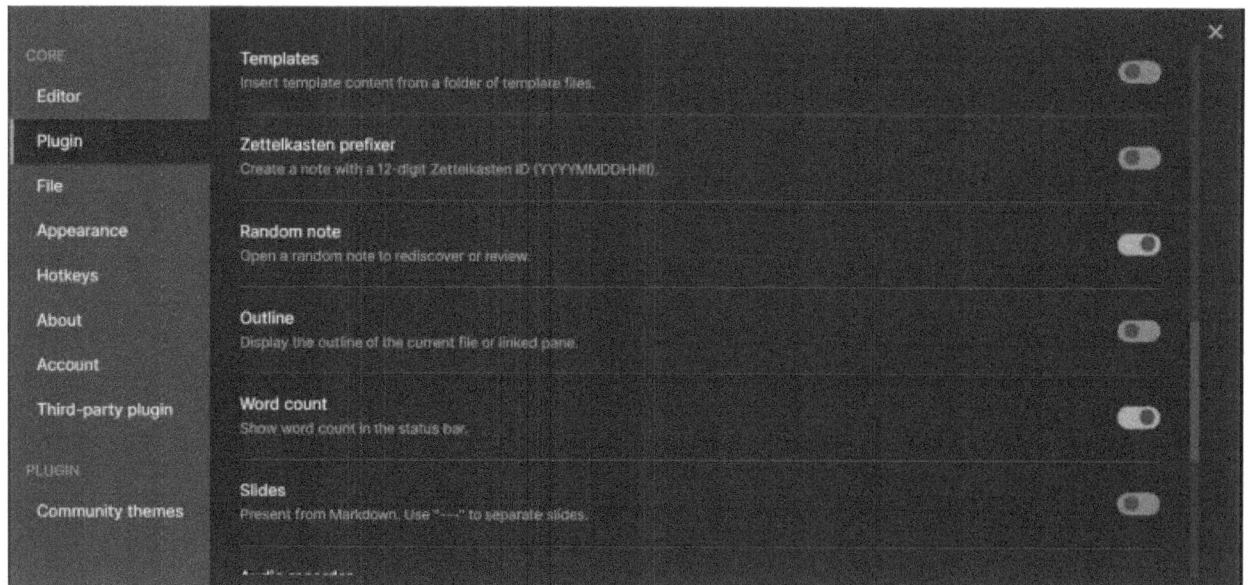

Passo 4

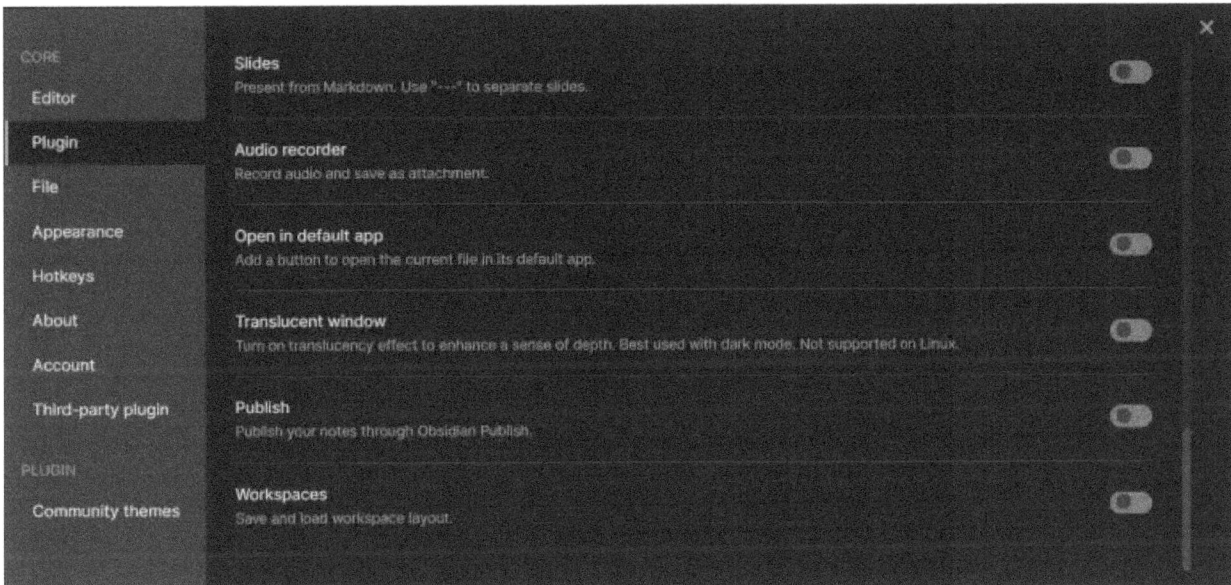

Importanti plug-in di base da utilizzare in Obsidian

I plug-in più importanti sono integrati nel programma. Esistono anche plug-in basati sulla comunità. Sono molto utili per ridurre l'uso di blocchi per appunti e lo stress dei sistemi di appunti convenzionali.

Note giornaliere

Le note giornaliere sono una parte essenziale di Obsidian, e sono anche una parte essenziale che migliorerà il vostro uso efficiente di Obsidian. Le note giornaliere sono note che si possono collegare a un giorno specifico. Queste note hanno un sistema di denominazione unico in cui il nome della nota è formato dalla data. Questo permette di collegare altre note a questa data. Obsidian conosce i "backlink" di ogni nota o di qualsiasi altra nota nel vostro vault che sia collegata ad essa. La cosa migliore è che è possibile automatizzare le note, cosa che tratteremo più avanti in questa guida.

Le note giornaliere in Obsidian possono anche servire come una sorta di indice per molti altri appunti. Di solito, questo sostituisce la vostra linea del tempo immaginaria in un blocco note.

È possibile attivare le note giornaliere in Impostazioni > Plugin principali.

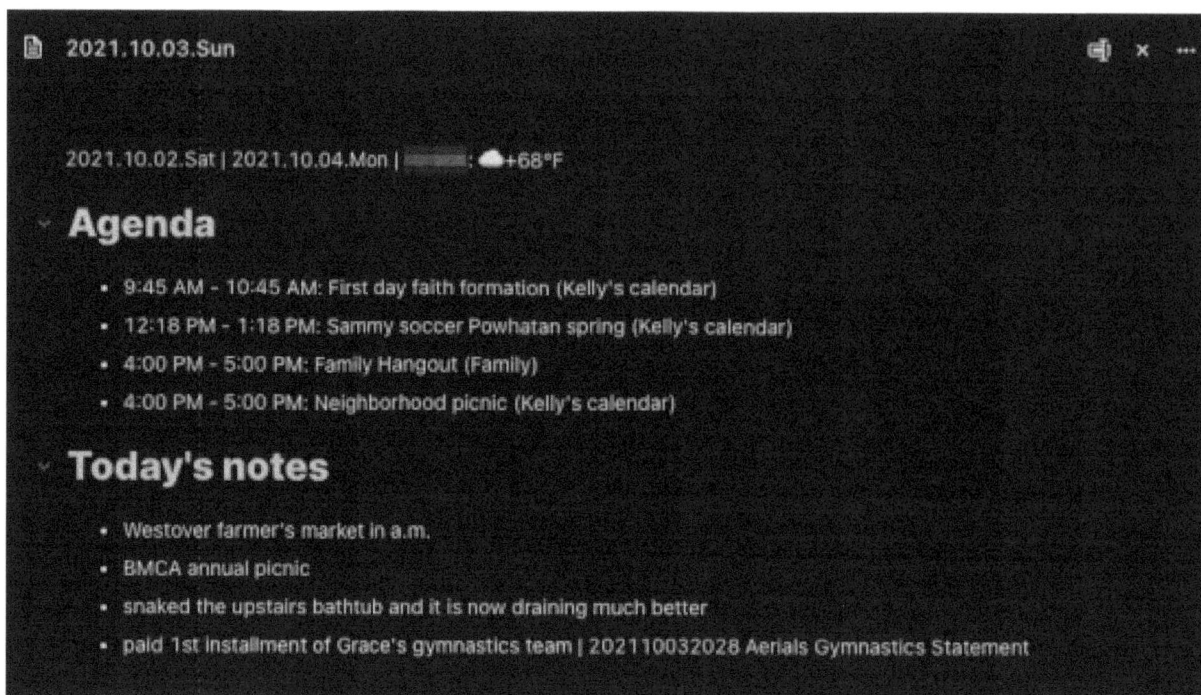

Note stellate

Questa è sicuramente l'opzione migliore se non si vuole perdere tempo. Aiuta ad accedere rapidamente a un maggior numero di note, soprattutto a quelle che si utilizzano regolarmente. Questo è lo scopo delle note "stellate". È possibile assegnare un asterisco a una nota dopo aver

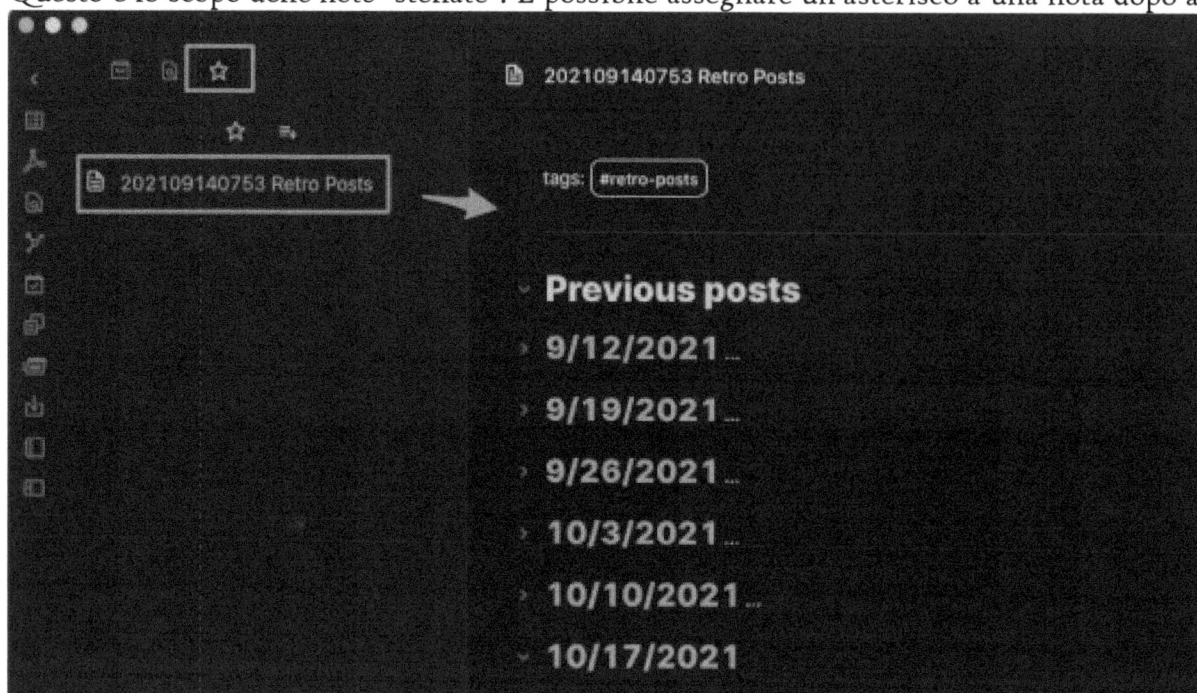

attivato questo plug-in principale nel menu Impostazioni > Plug-in principali. Quando una nota è stellata, è immediatamente accessibile tramite il pannello stellato sul lato sinistro dello schermo.

Prefissatore della scatola di slittamento

Questo programma ha un nome lungo, ma descrive un sistema affascinante per organizzare gli appunti. Non è necessario utilizzarlo per tutti gli appunti, ma è possibile utilizzarlo quando si creano le note (soprattutto quelle di lettura). Obsidian è diventato uno strumento utile per coloro che desiderano avere un formato digitale per le note, grazie alla sua capacità di collegare le note e di mostrare chiaramente le loro relazioni.

Comunque, torniamo al motivo per cui stiamo parlando di questo plug-in. È possibile fare due cose con il prefissatore del riquadro delle note:

1. Consente di scegliere un "prefisso" basato su un formato di data per i titoli delle note. È possibile utilizzare combinazioni di numeri, come ad esempio 202110111506. Non si tratta di un'analisi complessa, ma semplicemente di una combinazione della data e dell'ora in cui la nota è stata creata nel formato aaaammgghhmm. Obsidian aggiunge automaticamente il prefisso quando si usa per creare una nota e si può scegliere di aggiungerne altri al titolo. Può sembrare poco, ma specificare la data in questo formato è molto utile. Con questa illustrazione, si può facilmente cercare la data quando si cercano le note.

2. È possibile impostare un modello per la nota a propria discrezione, in modo che contenga dati aggiuntivi accanto al prefisso del titolo al momento della creazione. Ciò può accelerare il processo e promuovere la standardizzazione.

Quando si aggiunge una nuova nota, l'illustrazione seguente mostra come viene visualizzato il modello predefinito:

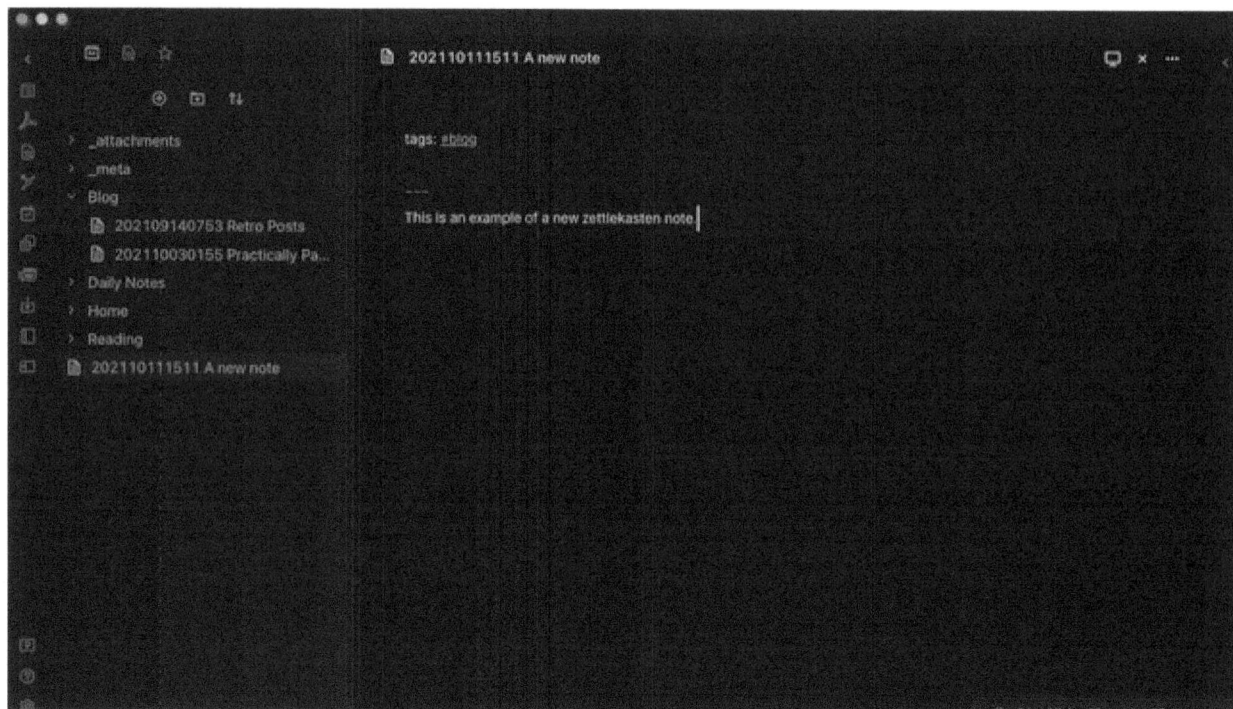

Come nominare le note con il plugin Note Box Prefixer Core in Obsidian

Il prefisso viene utilizzato per dare a un titolo di nota una propria identità. L'immagine seguente mostra una schermata in cui il plug-in è attivato. È sufficiente cercarlo e poi usare il cursore per attivarlo o disattivarlo.

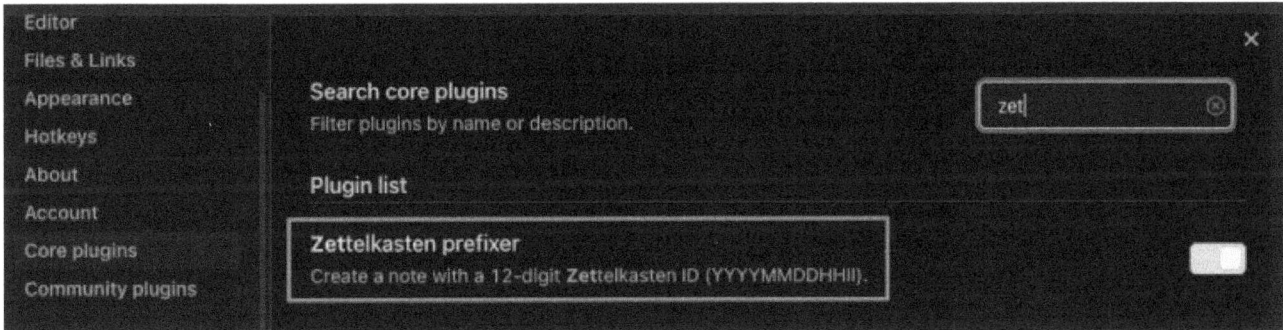

Obsidian dispone già di questo plug-in; non è necessario aggiungerlo autonomamente tramite i plug-in della comunità. È quindi necessario impostare il prefisso della casella delle note come mostrato di seguito:

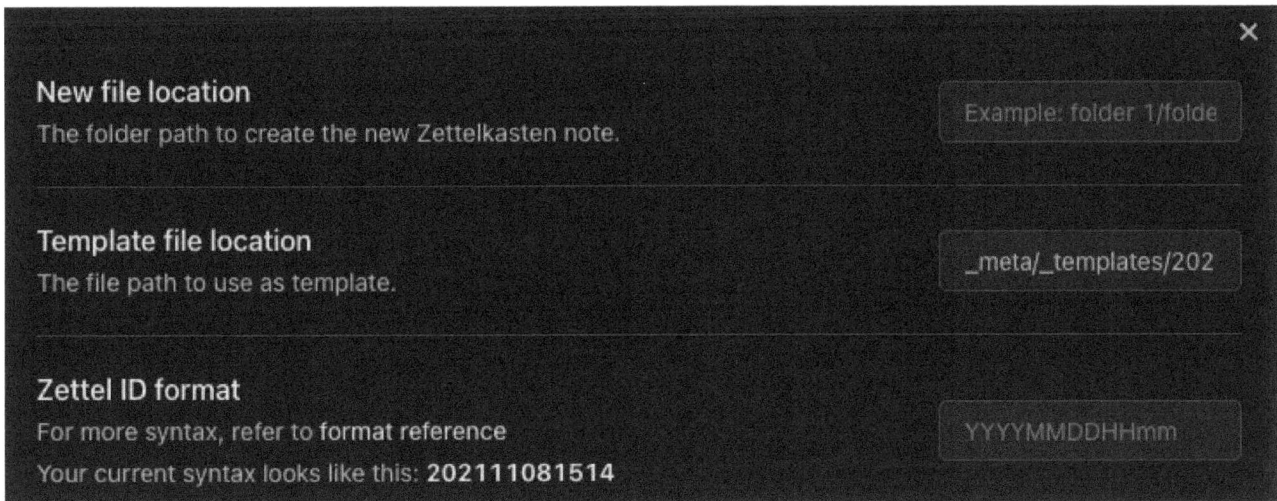

È necessario assegnare una scorciatoia a questo processo, come descritto nella sezione sulla creazione di una nuova scorciatoia. Per questa dimostrazione, abbiamo usato Opt + Z sul Mac per avviare il processo. Spieghiamo ora le funzioni di ciascuna di queste sezioni:

- Posizione del nuovo file: è la posizione in cui vengono salvate tutte le nuove note. Tuttavia, poiché la nostra dimostrazione è vuota, possiamo inserire il vault al livello più alto. Una volta creato, è possibile spostarlo manualmente trascinandolo e rilasciandolo.

43

- Posizione di memorizzazione del file del modello: È possibile crearne uno separato per ogni nota, per garantire che sia unico. I modelli vengono visualizzati in questa sezione. I modelli sono semplicemente file Markdown con le stesse opzioni dei file Markdown. È possibile creare un semplice file modello per aggiungere tag.
- Nota Formato ID: Questo è il modo in cui viene visualizzato il numero. È possibile utilizzare anche il formato AAAAMMGGHmm.

Per facilitarne l'uso, è possibile apportare alcune semplici modifiche. È utile attivare una combinazione di tasti per la creazione di una nuova nota. La funzione "Crea nuova nota" è collegata alla combinazione di tasti specificata di seguito:

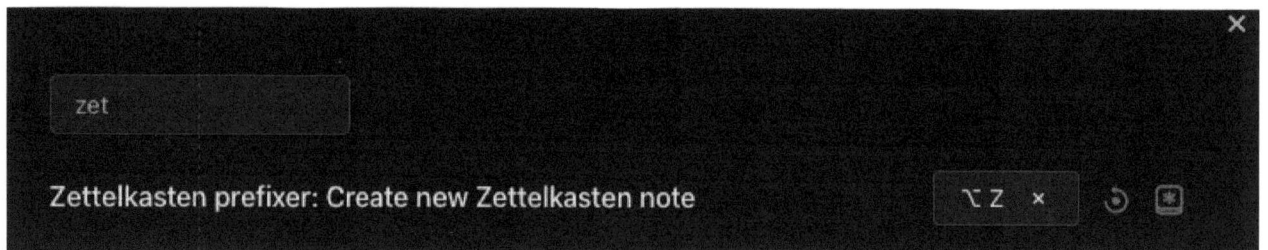

Come ho già suggerito, utilizzate la combinazione di tasti Opt + Z. Se premete questo tasto, otterrete l'interfaccia mostrata nella figura seguente:

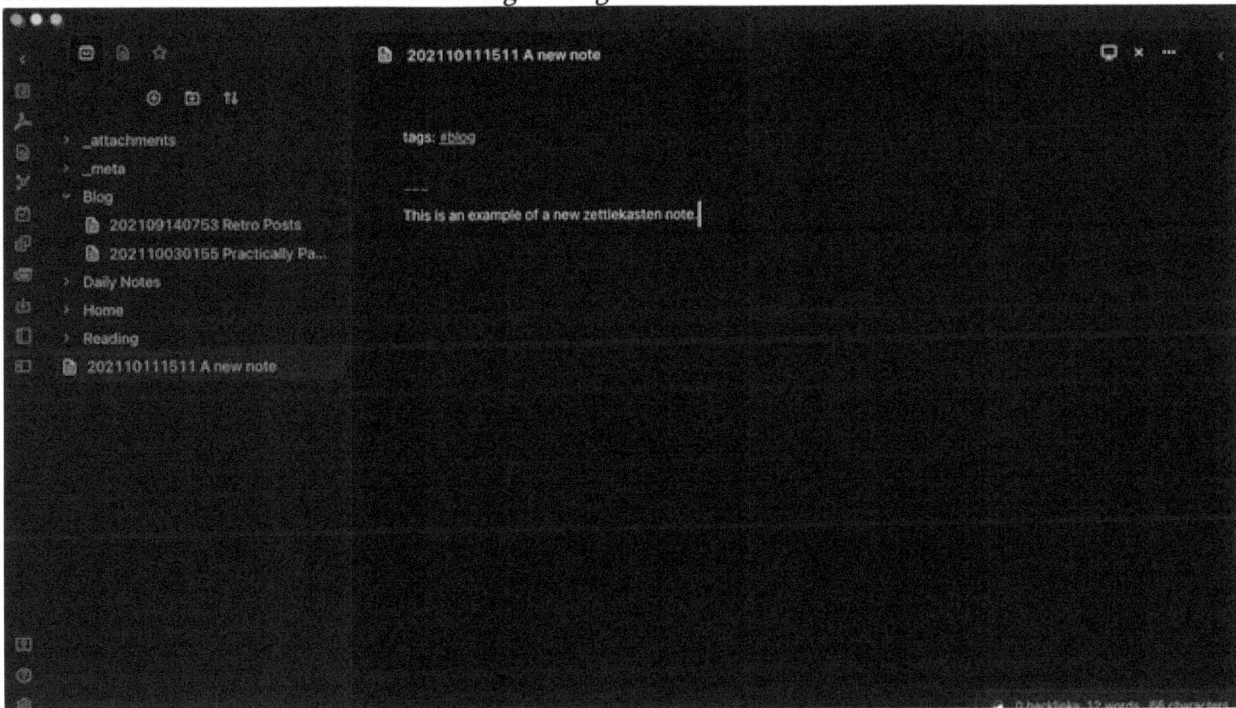

Come molti altri, l'uso di un prefisso per le note è vantaggioso per un motivo importante. Ad esempio, è possibile creare rapidamente note con un modello senza preoccuparsi di un titolo completo. Questo è utile per le note rapide che voglio prendere senza dover dedicare troppo tempo a un titolo. E posso sempre tornarci in futuro.

Non molti ne sono a conoscenza, ma di seguito viene illustrato un approccio per ordinare le note in base alla data del titolo, dato che il prefisso della casella della nota dipende dalla data e dall'ora correnti. Supponiamo di voler utilizzare tutti i file creati nell'ottobre 2021. Possiamo semplicemente archiviarli **inserendo file: 202110** e vedere tutte le note create entro quella data, come mostrato nella schermata seguente.

file: 202110 ⊗

202110 011015 Fexibo Sit-Stand Desk
202110 030155 Practically Paperless
202110 031950 Articles I've read
202110 032000 Collections and permanance
202110 032004 Unpacking My Library
202110 032028 Aerials Gymnastics Statement
202110 041419 Specializing versus expanding
202110 060841 Knucleballs
202110 060842 The Baseball 100
202110 201500 Cicada Queen by Bruce Sterli...
202110 202140 Beyond the Dead Reef by Ja...
202110 211609 Year's Best Science Fiction V...
202110 211611 Slow Birds by Ian Watson
202110 211616 Vulcan's Forge by Poul Ande...
202110 212007 Ideas
202110 221104 Man-Mountain Gentian by H...
202110 221338 Hardfought by Greg Bear
202110 231108 Manifest Destiny by Joe Hald...
202110 231111 Full Chicken Richness by Avr...
202110 251131 GitHub
202110 251144 Covid Vaccination Card - Ja...
202110 251145 Covid Vaccination Card - Zach
202110 251716 E. B. White on hoarding
202110 251717 E. B. White on Sputnik
202110 251719 E. B. White on Writing
Pasted image 202110 18154733.png

Per i plug-in di comunità/terze parti

Obsidian offre agli sviluppatori esterni al team della piattaforma la possibilità di creare plug-in compatibili con il sistema. Questi plug-in sono classificati come "plug-in della comunità". Tuttavia, potrebbero non essere sicuri come i plug-in principali e sarà necessario concedere l'accesso.

Per attivarlo, selezionare l'opzione "Attiva il plug-in della comunità" in fondo alla finestra pop-up dopo essere andati su Impostazioni e poi su Plug-in della comunità per accedere ai plug-in della comunità.

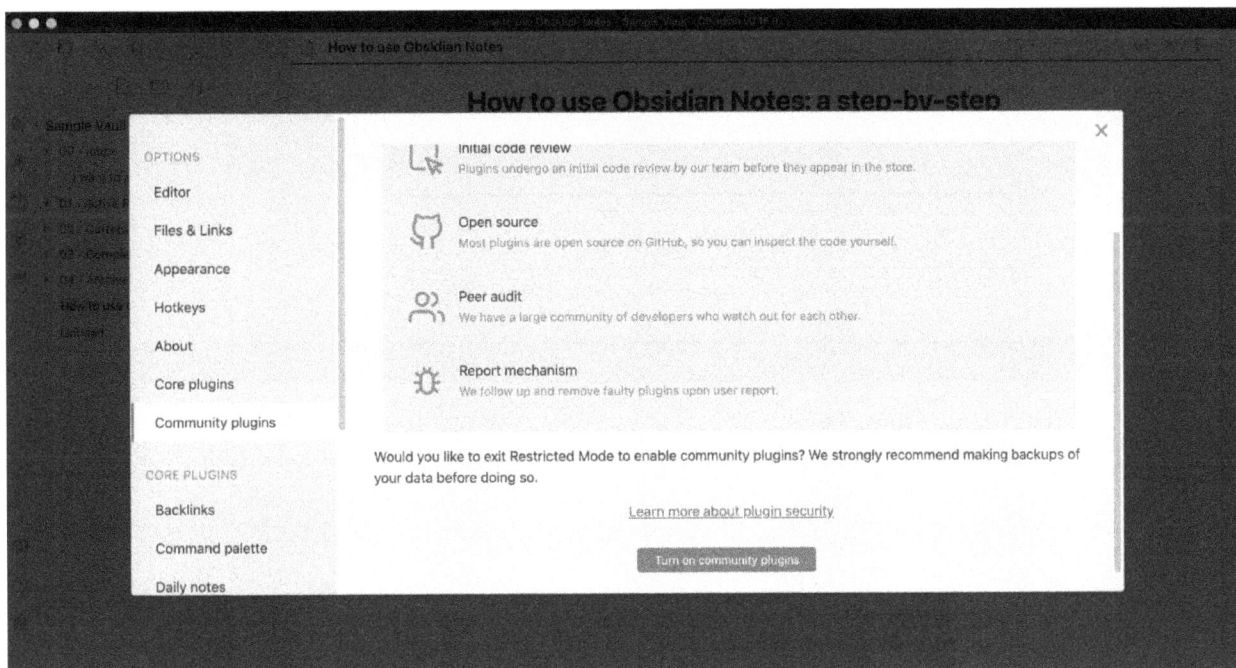

Una volta concesso l'accesso tramite la finestra di opt-in, è possibile sfogliare e selezionare numerosi plug-in. Di seguito è riportato un elenco di alcuni plug-in della comunità utilizzati di frequente:

- Advanced Tables Obsidian: un plug-in che aiuta a formattare e modificare le tabelle.
- Obsidian Underline: Plug-in che aiuta ad attivare la combinazione di tasti Ctrl o CMD + U, che supporta la sottolineatura dei testi e inserisce il markup HTML.
- Widget calendario Obsidian: aggiunge il calendario all'applicazione Obsidian.
- Contorno ossidiano: aiuta a gestire le liste come in RoamResearch
- Integrazione Zotero-Obsidian: questo plug-in consente agli utenti di importare e inserire bibliografie, note, citazioni e annotazioni PDF da Zotero nella loro applicazione Obsidian.
- Plug-in Raindrop-Obsidian: Raindrop.io è una piattaforma di bookmarking e questo plug-in aiuta a integrare la piattaforma con Obsidian.

Scorciatoie / Formattazione di base

Ora che conoscete le informazioni di base, sarà bene mostrarvi alcune scorciatoie che potrebbero servirvi a lungo termine nell'utilizzo di Obsidian.

Convertire in modalità di lettura

Obsidian si trova automaticamente in modalità anteprima dal vivo. Passare alla "modalità di modifica" premendo Ctrl o CMD + P per visualizzare la tavolozza dei comandi e selezionare "Modalità di lettura".

Tavolozza dei comandi

Premere la combinazione di tasti Ctrl P per visualizzare l'interfaccia mostrata di seguito:

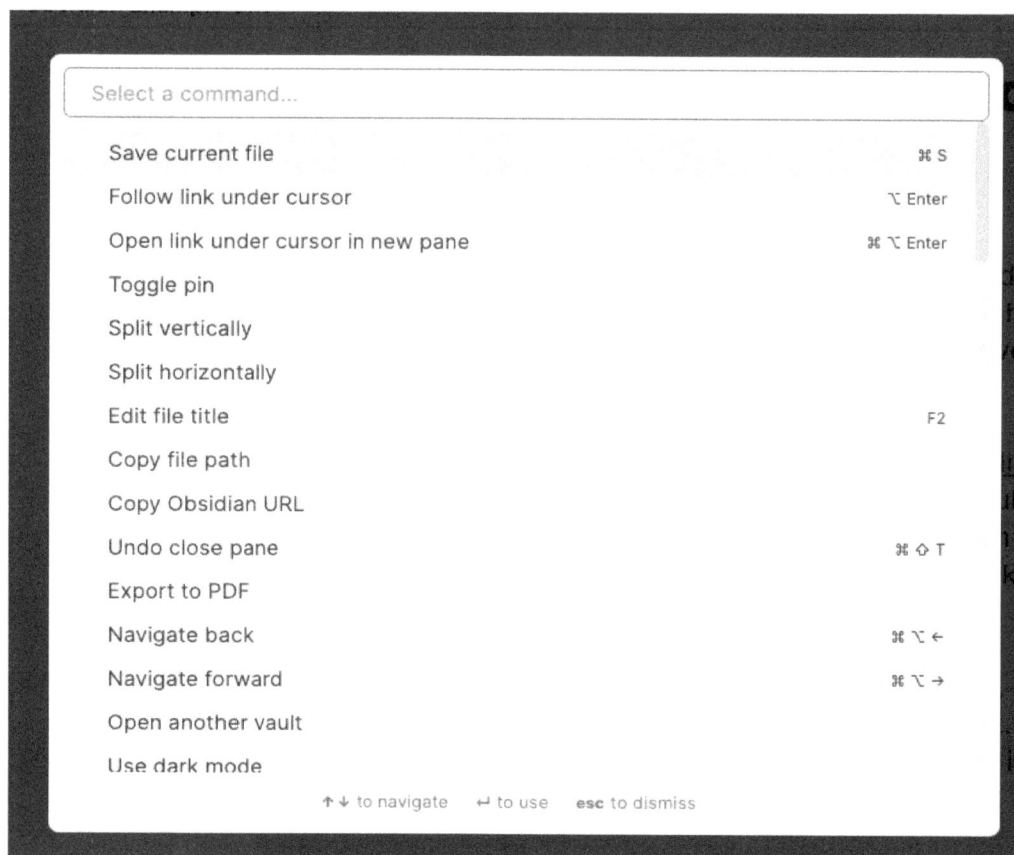

Select a command...	
Save current file	⌘ S
Follow link under cursor	⌥ Enter
Open link under cursor in new pane	⌘ ⌥ Enter
Toggle pin	
Split vertically	
Split horizontally	
Edit file title	F2
Copy file path	
Copy Obsidian URL	
Undo close pane	⌘ ⇧ T
Export to PDF	
Navigate back	⌘ ⌥ ←
Navigate forward	⌘ ⌥ →
Open another vault	
Use dark mode	

↑↓ to navigate   ↵ to use   **esc** to dismiss

Creare una nuova nota

Per creare nuove note, premere Ctrl o CMD + N.

Chiudere la finestra

Per chiudere la finestra delle note, utilizzare la combinazione di tasti Ctrl o CMD + W.

Passare da una nota all'altra

Tenere premuto Ctrl o CMD + Alt o OPT + Sinistra/Destra per passare dalla nota precedente a quella successiva.

Creare nuovi collegamenti interni

È possibile creare un nuovo collegamento interno premendo **due volte** la parentesi quadra "[[".

Obsidian visualizza il contenuto di un link interno nell'anteprima non appena il puntatore del mouse vi passa sopra.

Numerazione o punti elenco durante la creazione di un elenco

Premere 1. o - e poi la barra spaziatrice per avviare un elenco numerato o un'enumerazione.

Per i titoli

Premere #, poi uno spazio per la rubrica 1 o 2 ## per la rubrica 2 e procedere allo stesso modo per le altre rubriche.

Cambiare il carattere in Obsidian

Seguire i seguenti passaggi per selezionare il font desiderato nell'applicazione Obsidian:

Passo 1: selezionare la rotella dentata "Impostazioni".

Passo 2: passare all'area "Appearance".

Fase 3: Cercare nel menu la voce "Font". Qui è possibile modificare il carattere dell'interfaccia utente, il carattere del testo e altri caratteri.

Nota: da qui è possibile regolare la dimensione dei caratteri.

Aggiunta di note a piè di pagina

Se si desidera aggiungere qualcosa ai commenti senza modificare il flusso di lavoro, le note a piè di pagina sono il modo migliore per farlo. Poiché non sono integrate, è necessario installare il plug-in "Footnote Shortcut".

Il file Markup.txt avrà l'aspetto seguente:

Testo con nota a piè di pagina: [^1]

Ciao mondo

[^1]: Nota a piè di pagina

Per facilitare l'attivazione, inserire ^[testo della nota] alla fine del testo.

In questo modo è possibile inserire le note a piè di pagina direttamente nel testo:

Questo testo è un esempio. Il testo seguente

In questo paragrafo è stata inserita una nota a piè di pagina.

(testo della nota)

Creare una tabella su Obsidian

Con il plug-in "Advance Table" dell'area plug-in della comunità, è possibile inserire tabelle nel testo. In questo modo è molto più facile formattare e modificare il testo che deve apparire in una tabella.

Dopo l'installazione, è necessario eseguire le seguenti procedure per ottenere una tabella:

| Sintassi | Descrizione |

| ---------- | ---------- |

Libro | Penna | Penna |

| Righello, pennarello...

Si crea così una tabella come la seguente:

Intestazione	Descrizione del
Libro	Penna
Righello	Marcatura

Per i testi in grassetto

Digitate il testo tra due asterischi "**" per renderlo in grassetto, oppure Ctrl o CMD + B.

Offerta

Per iniziare una citazione, premere > e poi la barra spaziatrice. \- e spazio, seguiti dal nome della persona che cita

Divisione orizzontale delle linee

Per interrompere una linea orizzontale, premere tre volte il tasto meno o usare i trattini senza spazi "---" e poi premere il tasto invio.

Tuttavia, se si inseriscono tre trattini esattamente sotto un testo nell'interfaccia di una nota di Obsidian, questo verrà convertito in Intestazione 1.

Collegamento ipertestuale

Per inserire un collegamento ipertestuale, digitare Ctrl o CMD + K, il testo tra parentesi quadre e il collegamento ipertestuale tra le solite parentesi.

Vista grafica

Per aprire la vista grafica sull'interfaccia della nota, premere Ctrl o CMD + G

Apre Quick Switcher (browser di file)

Se si preme Ctrl o CMD + O, viene avviata una ricerca rapida dei file.

Passare dalla modalità di modifica a quella di visualizzazione

Per avviare la modalità di modifica, premere Ctrl o CMD + E.

Testo barrato

Per cancellare il testo, è necessario racchiudere la frase con "~~". Ad esempio: "~~mi piace mangiare il riso~~".

Evidenziare il testo

Per enfatizzare un testo, è necessario racchiudere la frase con un doppio segno "uguale". Ad esempio: "==Mi piace mangiare il riso==".

Sottolineatura del testo

Poiché Underline non è integrato di default nell'applicazione, è necessario installarlo tramite la sezione plug-in della comunità, come spiegato nella sezione plug-in sopra. Una volta installato, utilizzare Ctrl o CMD + U per avviare una sottolineatura. Forse non avrà un aspetto professionale in Markdown, ma al momento è l'opzione migliore.

Blocchi di codice

I blocchi di codice sono utili per due motivi. In primo luogo, impediscono all'editor di compilare il codice. In secondo luogo, il codice viene solitamente evidenziato correttamente per la sintassi.

Per inserire il codice, utilizzare il tasto ' (quindi inserire il linguaggio di programmazione) seguito da un codice. Ad esempio

"HTML

Incollare il codice qui`".

Aggiunta della lista di controllo

Per aggiungere una lista di controllo su Obsidian, utilizzare - [ ]

Ad esempio,

- [ ] Nome

- [ ] Indirizzo

Selezione di un argomento

Con tutte le informazioni ricevute finora, siete sulla strada giusta per creare la vostra prima nota. Dopo aver installato e creato un vault, è necessario scegliere il tema migliore per l'interfaccia di Obsidian. Per prima cosa, è necessario decidere se si desidera che l'applicazione sia in modalità chiara o scura. Come scegliere il tema desiderato,

Passo 1: Accedere alla sezione **Impostazioni** come mostrato sopra

Passo 2: Fare clic sulla sottosezione "**Appearance**".

Fase 3: utilizzare il menu a discesa per scegliere tra il tema chiaro e quello scuro.

Per personalizzare ulteriormente il tema corrente, utilizzare il pulsante Indietro per tornare alla sezione Impostazioni. Fare quindi clic sulla sottosezione **Argomenti della comunità**.

Quindi fare clic su **Usa** per applicare il tema preferito. Nota: alcuni temi possono essere utilizzati solo per determinate modalità.

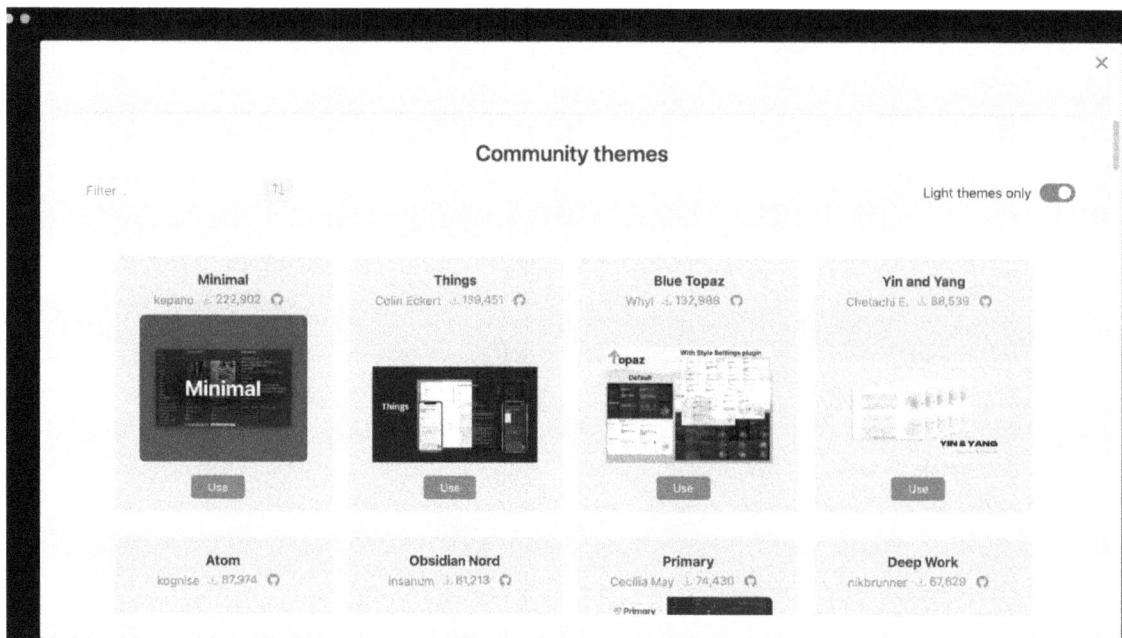

Impostare le cartelle

Dopo aver creato il vault, il passo successivo è la creazione delle cartelle (che non sono obbligatorie). Invece di creare strutture di file per le note, è possibile utilizzare collegamenti e backlink, se lo si ritiene utile. Tuttavia, per creare una cartella.

Fase 1: Fare clic sull'esploratore di file situato nell'angolo in alto a sinistra.

Passo 2: selezionare una nuova cartella

Fase 3: personalizzare il nome secondo i propri desideri

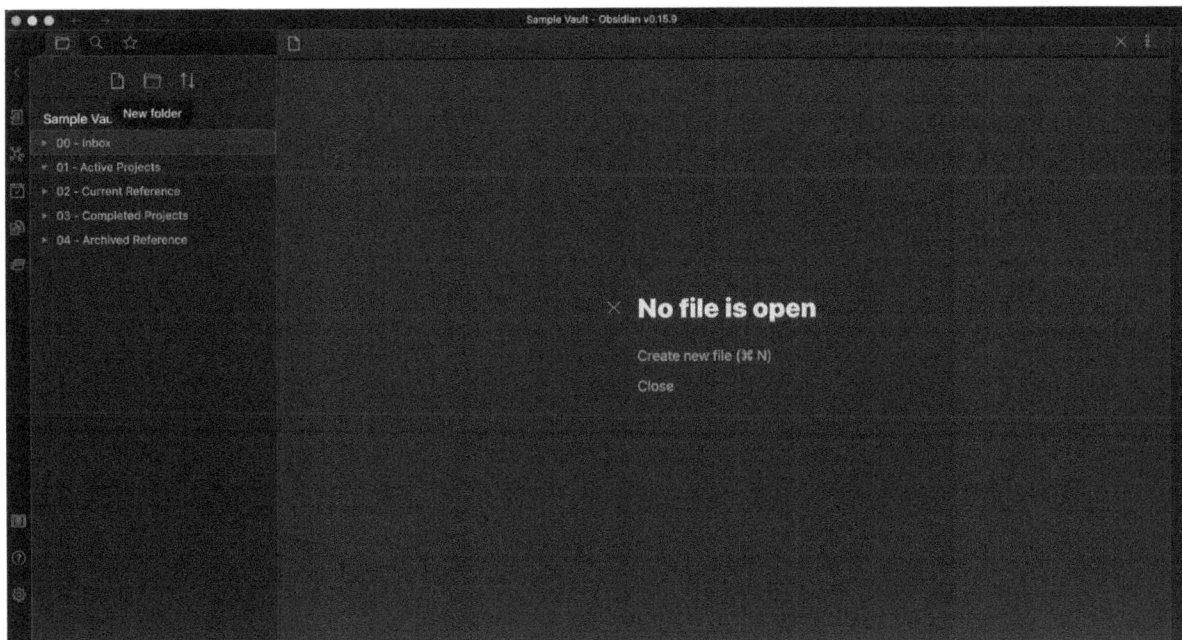

Creare la prima nota

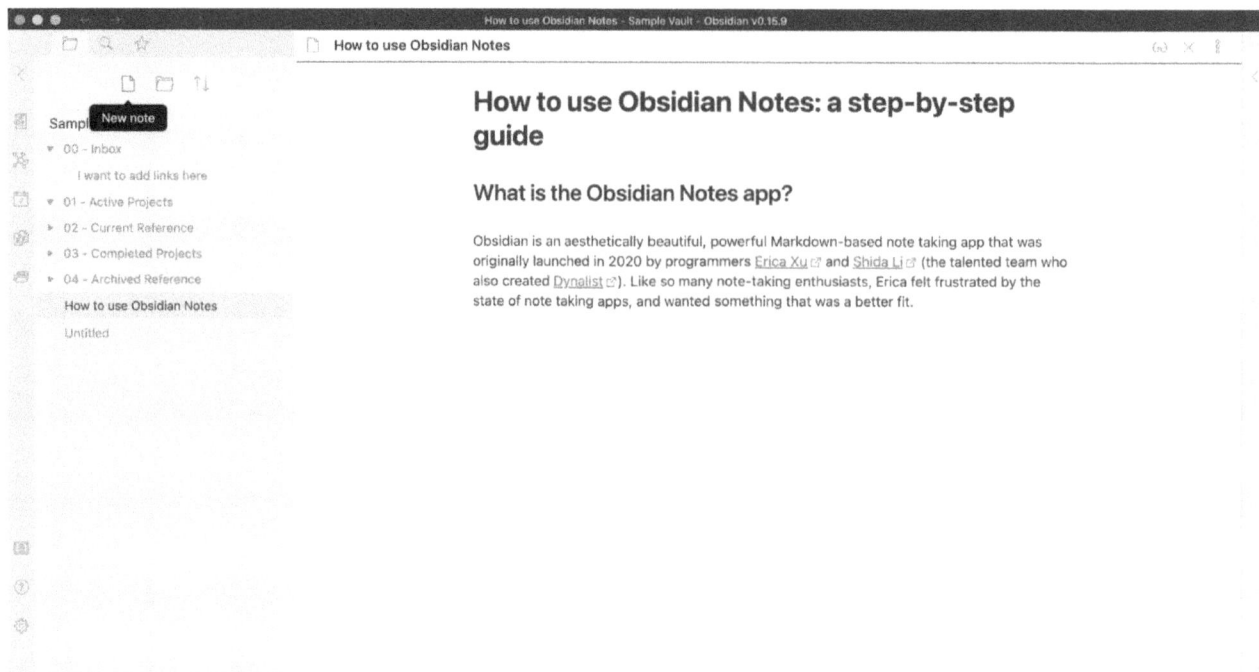

I principianti hanno a disposizione due modi semplici per creare automaticamente una nuova nota. In primo luogo, si può fare la strada più lunga, facendo clic sull'esploratore di file nell'area in alto a sinistra dell'interfaccia di Obsidian e selezionando poi la scheda Nuova nota o semplicemente premendo CMD o Ctrl + N sulla tastiera.

Soprattutto, è possibile creare un collegamento tramite l'app o tramite un link

Scegliere quindi un nome per la nota e salvarla nella memoria locale del sistema con il nome {scelta nome.md.}.

È quindi possibile iniziare a scrivere la nota. Durante la formattazione, è possibile applicare al testo punti annidati, titoli, elenchi, punti elenco ed evidenziazioni.

Nuova nota tramite link

Quando si lavora in Obsidian, uno dei modi unici per creare una nota che fa risparmiare tempo è quello di creare una nota tramite un link. In sostanza, si può creare un collegamento a una nota che non esiste ancora. Questo è fantastico se si sta lavorando su una nota e ci si accorge di doverne creare un'altra, ma non si vuole riempirla subito. È sufficiente creare un nuovo collegamento e assegnargli il nome che si desidera dare alla nuova nota.

Sembra complicato? Creiamo un'illustrazione per mostrarvi come funziona.

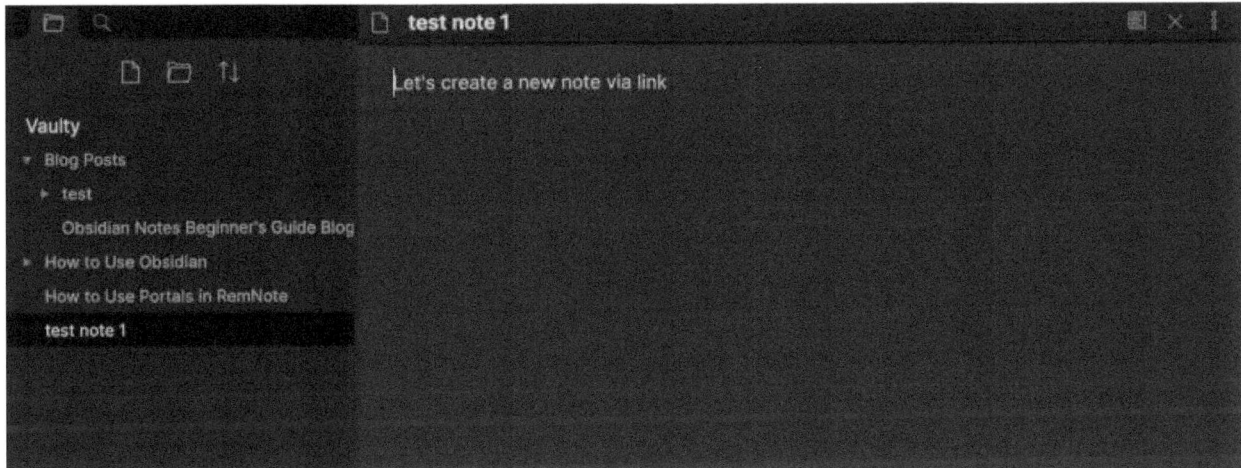

Abbiamo una piccola nota lassù.

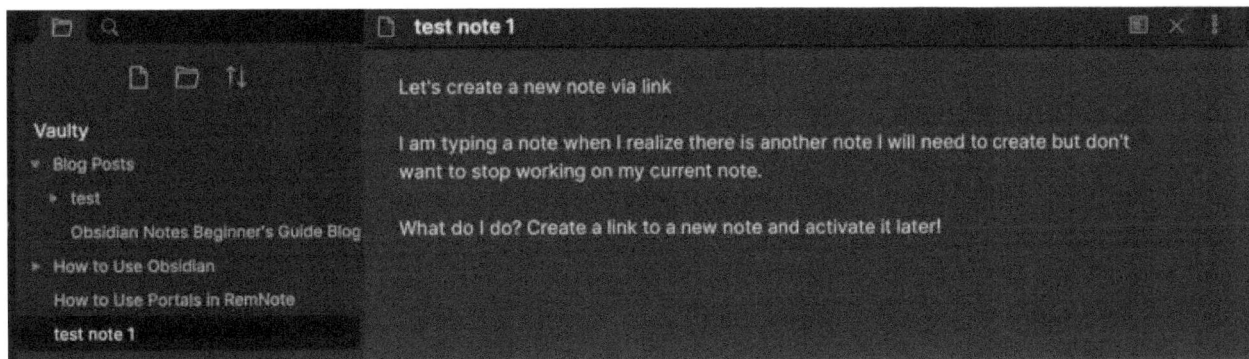

Supponiamo che stiate lavorando alla vostra nota e vi rendiate conto di doverne fare un'altra. Ma non volete interrompere quello che sto facendo. Cosa fare allora? Quando si è pronti a completare questa nuova nota, si può creare un nuovo collegamento a una nota non ancora esistente e attivarlo.

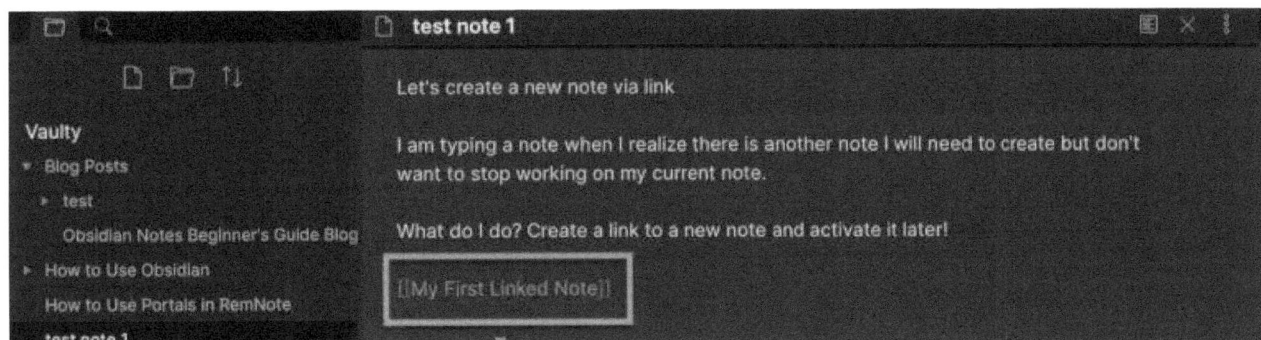

Il nome del collegamento o della nota, due parentesi graffe aperte ([[) e due parentesi graffe chiuse (]]) sono l'ordine di creazione dei collegamenti in Obsidian.

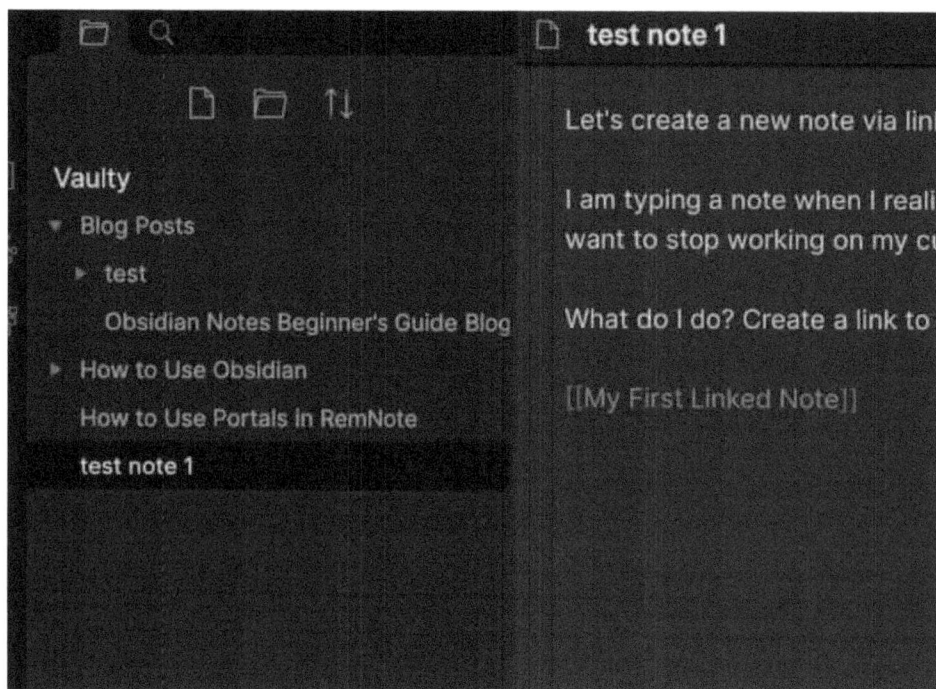

In questo modo, si collega una nuova nota non ancora esistente. Sebbene il collegamento sia visibile nella schermata precedente, la nota non viene visualizzata nell'elenco delle note sul lato sinistro. Questo per consentire la creazione del collegamento, che richiede un clic.

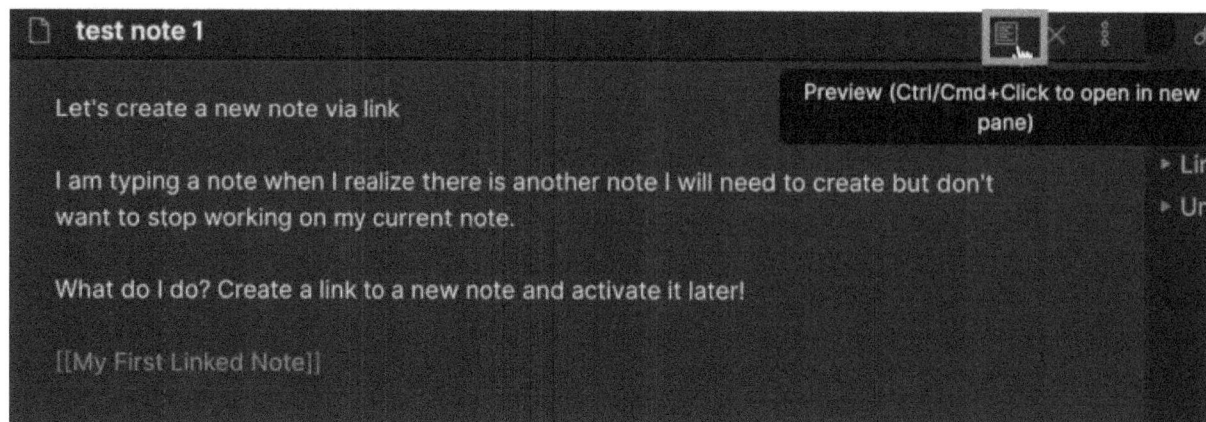

È preferibile fare clic sul link dopo aver commutato la modalità di modifica della nota corrente in modalità anteprima. Sul lato destro della barra del titolo della nota è presente un pulsante che consente di passare dalla modalità di anteprima a quella di modifica, come mostrato nell'immagine precedente. Mentre il documento viene visualizzato con la formattazione specificata in modalità anteprima, è possibile scrivere e modificare il documento in modalità di modifica.

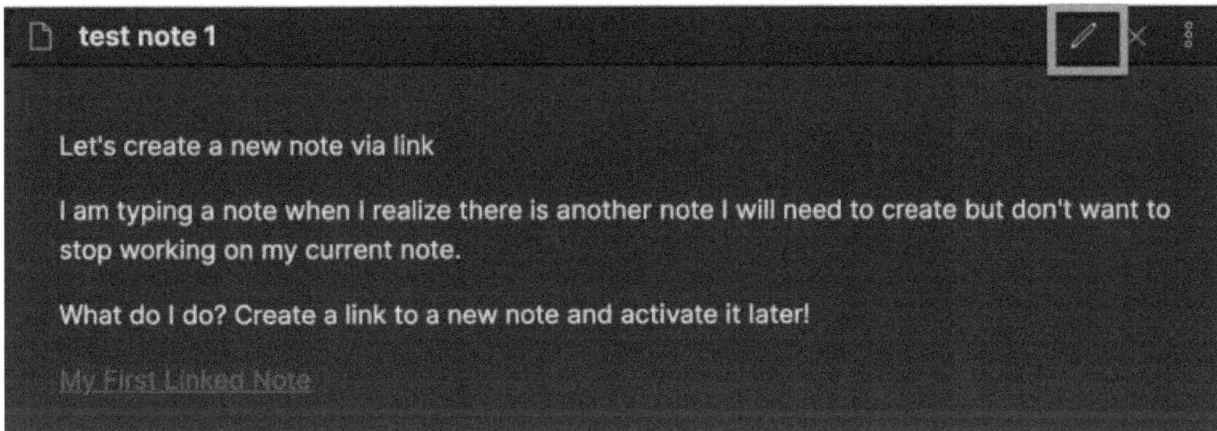

Premere l'interruttore a levetta. Ora la schermata dovrebbe assomigliare a quella qui sopra. Il pulsante di commutazione è stato trasformato in un'icona a forma di matita che, se cliccata, riporta alla modalità di modifica e il link non ha più le parentesi graffe. Fare clic sul link della nota per creare una nuova nota.

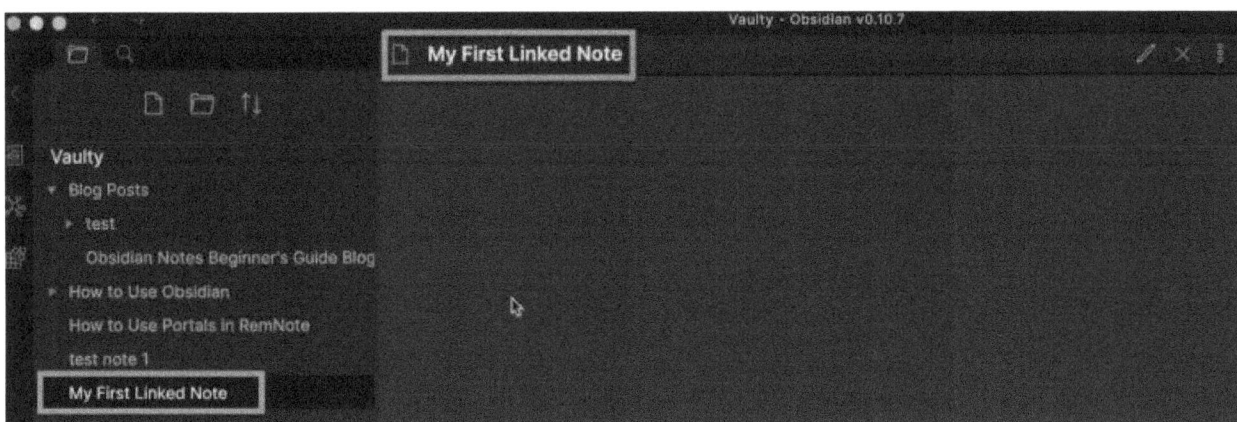

La nuova nota viene visualizzata nella finestra principale e nella barra delle note. Fare clic sull'icona della matita per modificare la nuova nota e inserire il contenuto.

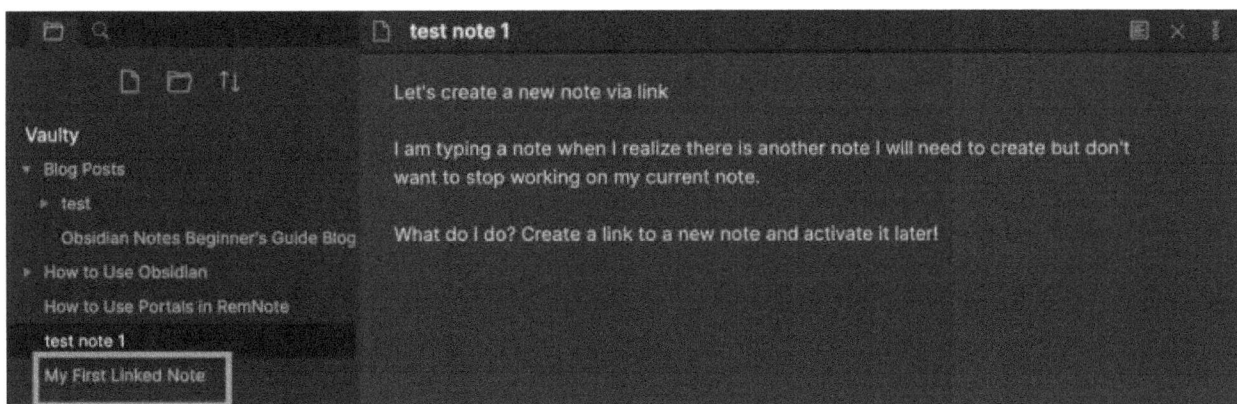

La cosa sorprendente è che anche se si rimuove il link dalla pagina originale, come mostrato sopra, il documento è ancora disponibile. Per me è una salvezza, perché ho regolarmente idee per nuove note che devo scrivere, ma non voglio interrompere il lavoro sulla nota corrente. Se avete un progetto per il quale sapete di aver bisogno di determinate note per alcuni componenti del progetto, anche questa strategia di collegamento funziona bene. Tutti i documenti necessari possono essere collegati a una pagina principale del progetto. È sufficiente fare clic sul collegamento quando si è pronti a completare le note.

Organizzare le note

In Obsidian è possibile trascinare le note in una cartella a scelta. Per trascinare il titolo della nota in una cartella è sufficiente fare clic e tenere premuto il titolo della nota sul lato sinistro.

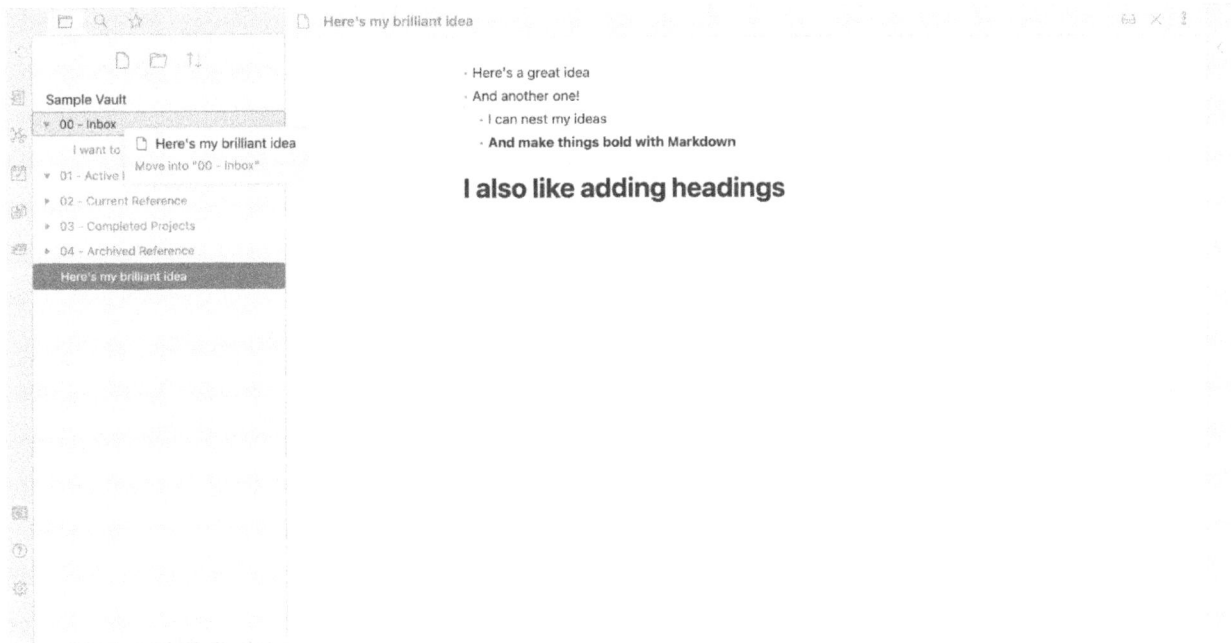

Ora che abbiamo finito con le nozioni di base, possiamo passare ad altre azioni importanti che si possono eseguire nell'app Obsidian.

Per cercare il testo in una nota

La ricerca manuale può essere scoraggiante, anche se si conosce il nome. Ma non è necessario. L'approccio migliore è di solito quello di controllare tutte le note, ma anche questo richiede molto tempo.

Prendiamo ad esempio Bob Uecher. Ha fatto un commento memorabile sulle knuckleballs. Supponiamo di averne bisogno e di non ricordare l'affermazione esatta, ma sappiamo che Uecher l'ha fatta, quindi quando digitiamo "Uec" in Obsidian, appare questo:

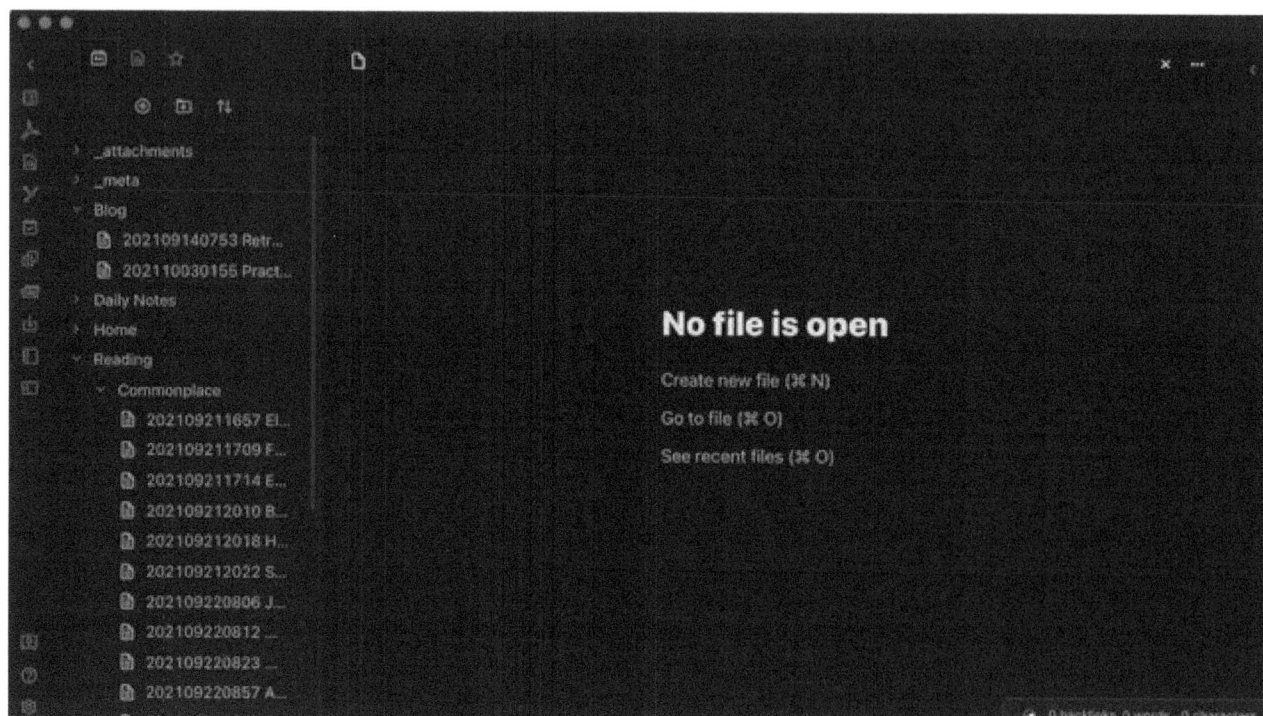

In questo modo siamo arrivati al risultato che vedete nell'immagine:

Fase 1: Fare clic sul campo "Ricerca".

Fase 2: inserire **"uec"** nel campo di ricerca.

Fase 3: dai risultati della ricerca, selezionare l'hit per il quale si desidera visualizzare la nota.

Fase 4: il testo che si sta cercando è stato evidenziato in giallo nella nota, come si può vedere.

Utilizzare i dati delle note per la ricerca rapida

Obsidian ha le stesse funzioni di ricerca delle note per data di Evernote. Obsidian utilizza i dati del file per questa ricerca. Tuttavia, è possibile accedere a Evernote e modificare la data di creazione di una nota. Questo è utile anche perché spesso si confronta la data di creazione di una nota con la data di un documento. A questo punto, è possibile utilizzare un tasto di scelta rapida in Obsidian per trovare la data di creazione di una nota. Tuttavia, esiste un metodo più semplice, ed è per questo che abbiamo incluso il prefisso del formato della casella della nota.

Immaginiamo di voler cercare tutte le note del 3 ottobre 2021. Occorre inserire il seguente testo nella barra di ricerca, supponendo che tutti i titoli delle note siano preceduti dal prefisso della casella delle note: 20211003:

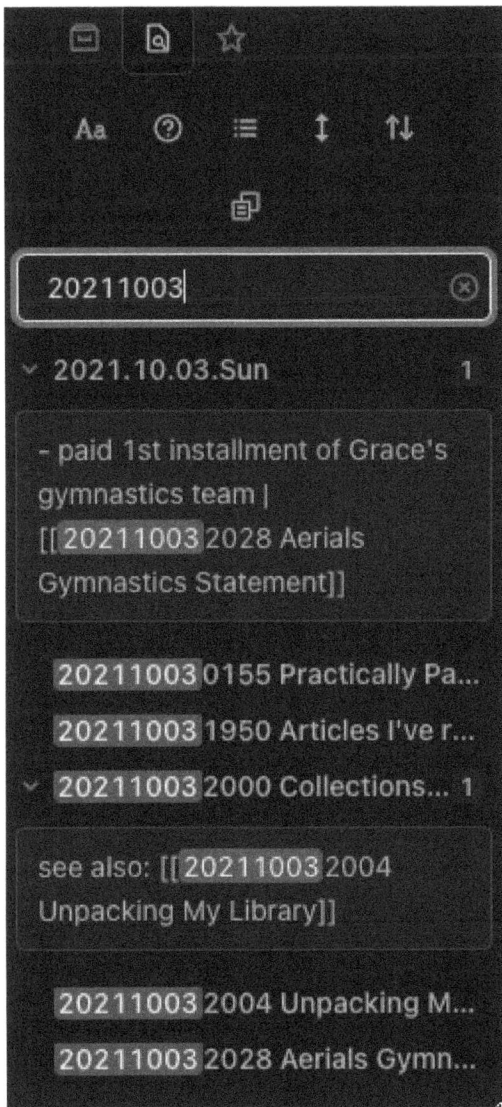

Si può notare che la mia ricerca restituisce sei note con questa data come prefisso. Il contenuto di una nota può essere visualizzato facendo clic su di essa. Una delle corrispondenze è la voce del giorno 3 ottobre 2021. La nota appare nell'elenco delle note corrispondenti anche se non ha il prefisso della casella di nota, poiché fa riferimento a un'altra nota.

Ricerca delle note con i tag

È possibile cercare le note per parole chiave anteponendo alla ricerca "tag:". Se si desidera, è possibile includere più tag nella ricerca. Supponiamo di voler cercare le note con i tag #baseball e #liste. Ecco come appare nel vault di ossidiana:

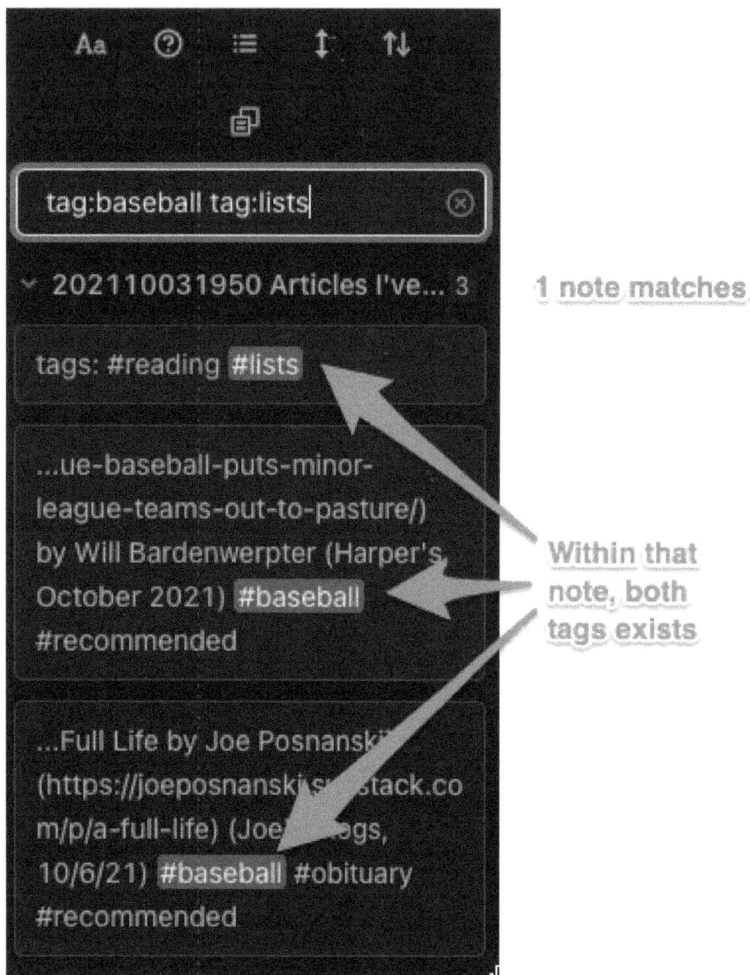

Ricerca di elementi da fare

Infine, posso cercare le attività in base al loro stato (completate, segnate come "da fare" o fatte, a seconda di Obsidian). Supponiamo di voler cercare tutte le note di ottobre 2021 che contengono attività non completate. Ecco come appare la ricerca in Obsidian:

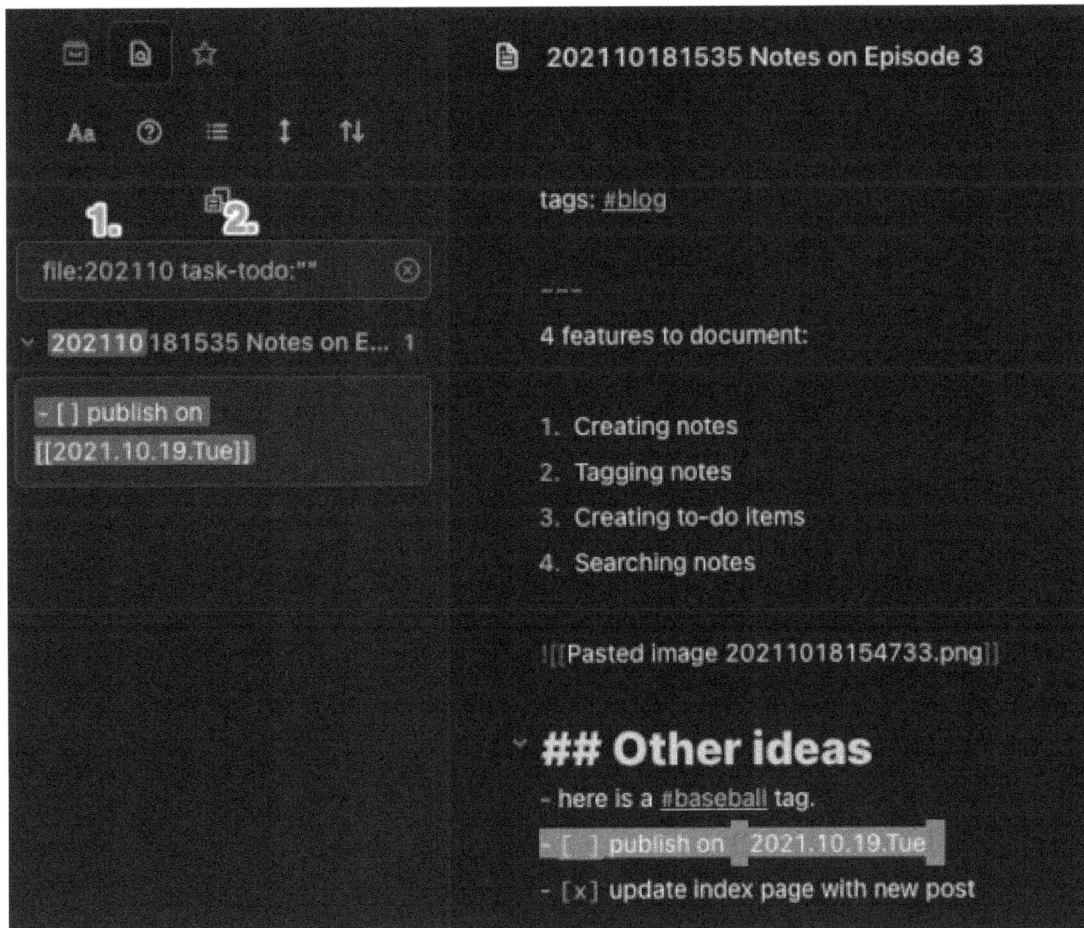

La situazione è la seguente:

Sto cercando i file con il nome 202110, che sta per 2021 (anno) e 10 (mese).

Cerco anche le note che contengono attività che non sono ancora state completate: task-todo:"

Il risultato è una nota, quella che ho scritto all'inizio di questo articolo. L'unico lavoro incompiuto di questo mese è sottolineato in giallo nella nota e il titolo della nota inizia con il numero 202110.

Aree di lavoro

Se siete abituati a usare un blocco note e uno stilo per prendere appunti, capirete che a volte può essere difficile, soprattutto quando dovete trovare un punto in cui tenere il blocco note o l'iPad all'altezza degli occhi mentre lavorate per tenere traccia del vostro sviluppo. È proprio questo il problema che la funzione Spazio di lavoro cerca di risolvere. Curate e organizzate con cura il vostro flusso di lavoro.

Tuttavia, è necessario attivare il plug-in prima di poter avviare il processo.

Per farlo,

Passo 1: andare alla sezione dei plug-in del nucleo (vedere i dettagli dei plug-in del nucleo per capire come trovarli)

Fase 2: Cercare gli spazi di lavoro e fare clic sul cursore per attivarlo (una volta attivato, nella barra degli strumenti di sinistra apparirà il pulsante **"Gestisci spazi di lavoro"**).

Fase 3: fare clic su Esci dalle impostazioni per uscire.

Fase 4: È possibile assegnare un collegamento all'area di lavoro utilizzando la sezione Crea collegamento.

Una volta attivata, è possibile disporre le viste e le finestre utilizzate esattamente come si desidera e salvare questa disposizione come area di lavoro personalizzata. Leggete la sezione [[Vista divisa]] qui sopra per sapere cosa potete fare. È possibile selezionare la vista preimpostata facendo clic su "Gestisci spazi di lavoro" quando la si utilizza di nuovo.

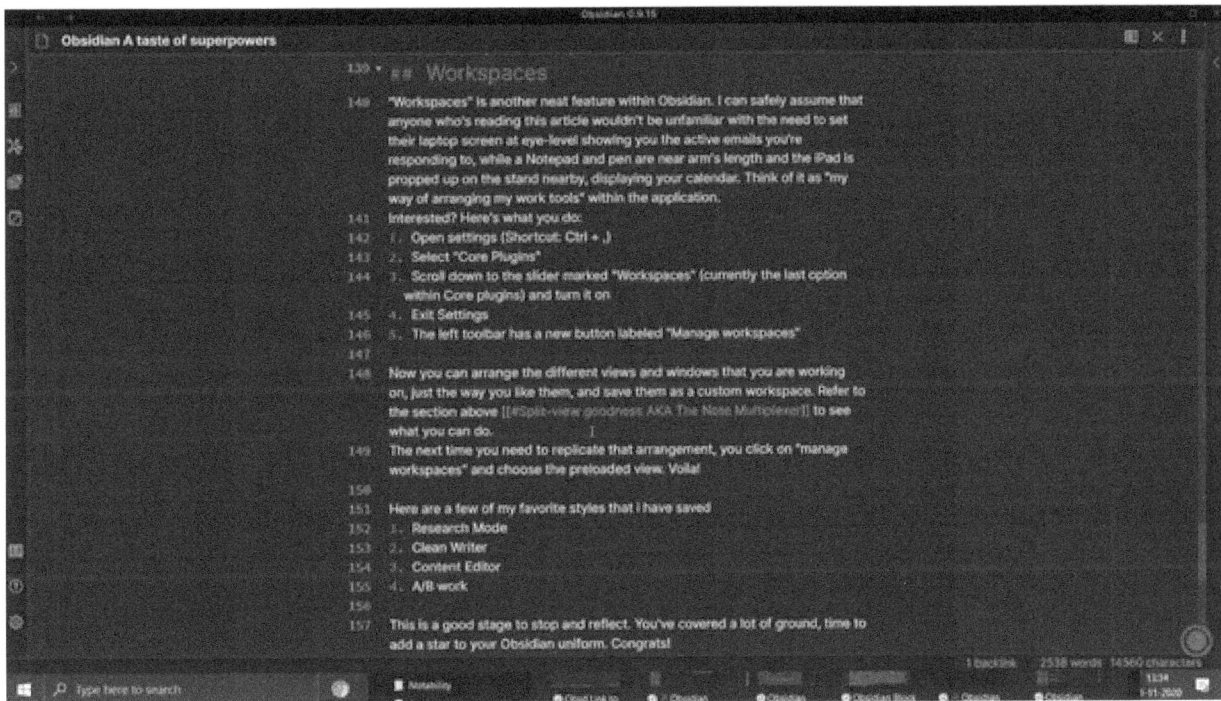

Stili comuni di ossidiana

Di seguito vengono illustrati alcuni stili utili e il loro utilizzo:

Modalità editor

Questo stile viene utilizzato per la revisione di articoli e note. Di seguito è riportata una schermata che ne illustra l'aspetto.

Obsidian A taste of superpowers

17 This is what it can look like.
18
19 ![[Gif Obsidian Graph view.gif]]
20
21 It visualizes your notes collection as a hub and spoke model. Notes that have more connections appear as larger hubs.
22 You can click on a node to open the note or hold down the mouse button over a node and drag them around to see your collection of notes behave like a microscopic creature. This is the addictive part I was talking about. Go ahead, give it a try. You're welcome.
23 You can hover over nodes to highlight the immediate connections. You can zoom in and out of the view using the scroll wheel of the mouse or the pinch gesture on your mouse-pad.
24 The more you record and connect, the more complex it becomes. Each person's graph is unique, as it should be.
25
26 ### Global vs Local Graph view
27
28 ![[Obsd Global vs Local Graph.png]]
29
30 The graph view is accessible at two levels, **Local** and **Global**. The Local Graph view visualizes the connections to the current note you are working on. The Global Graph view maps your entire collection of notes.
31 You can access the Local Graph from within a note by clicking on the menu button (3 dots) found at the top right corner of the Note Pane and selecting "Open Local Graph".
32 The button for the Global Graph is found in the left toolbar. Hover over it until a callout appears labeled "Open graph view"
33
34 ### Drilling down

Obsidian A taste of superpowers

This is what it can look like.

It visualizes your notes collection as a hub and spoke model. Notes that have more connections appear as larger hubs.
You can click on a node to open the note or hold down the mouse button over a node and drag them around to see your collection of notes behave like a microscopic creature. This is the addictive part I was talking about. Go ahead, give it a try. You're welcome.
You can hover over nodes to highlight the immediate connections. You can zoom in and out of the view using the scroll wheel of the mouse or the pinch gesture on your mouse-pad.
The more you record and connect, the more complex it becomes. Each person's graph is unique, as it should be.

Global vs Local Graph view

1 backlink   2542 words   14595 characters

Modalità di ricerca

Questo stile è adatto al brainstorming. Di seguito è possibile vedere una panoramica dell'aspetto dell'interfaccia:

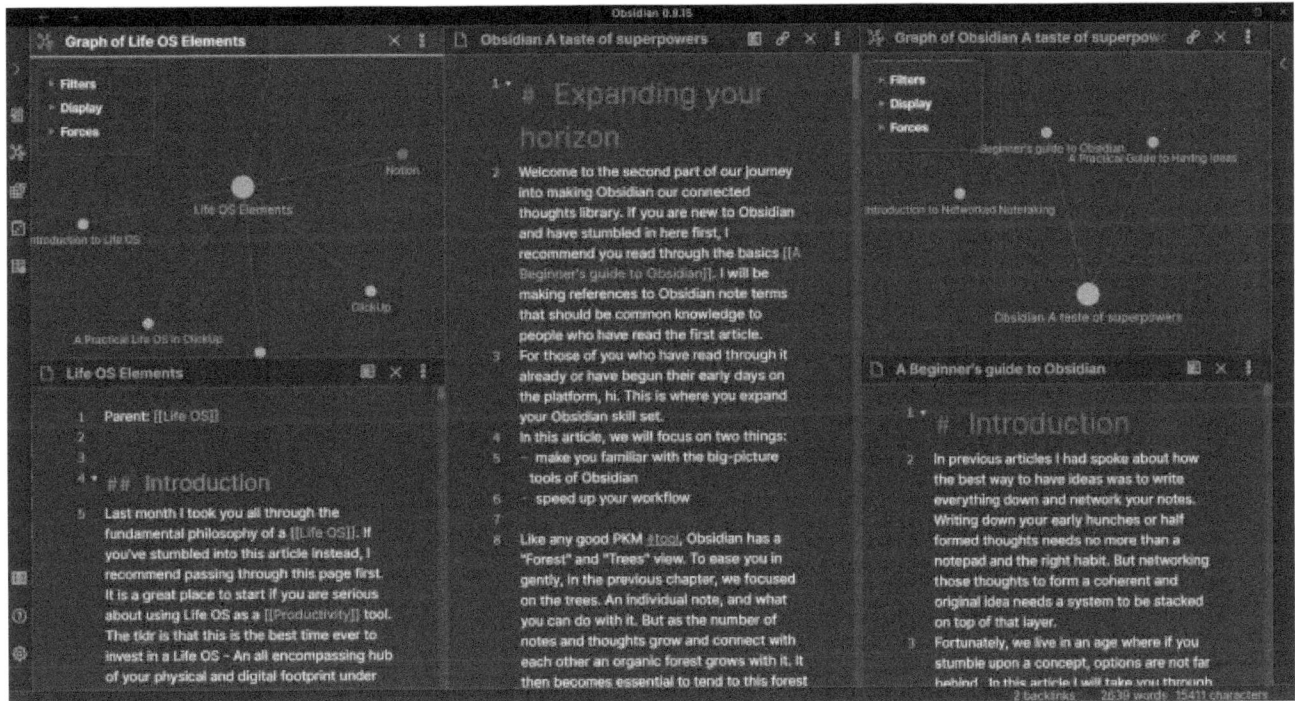

Scrittore pulito

Come suggerisce il nome, Clean Water è uno stile privo di ulteriori distrazioni. Per mantenere la concentrazione durante la creazione di contenuti approfonditi

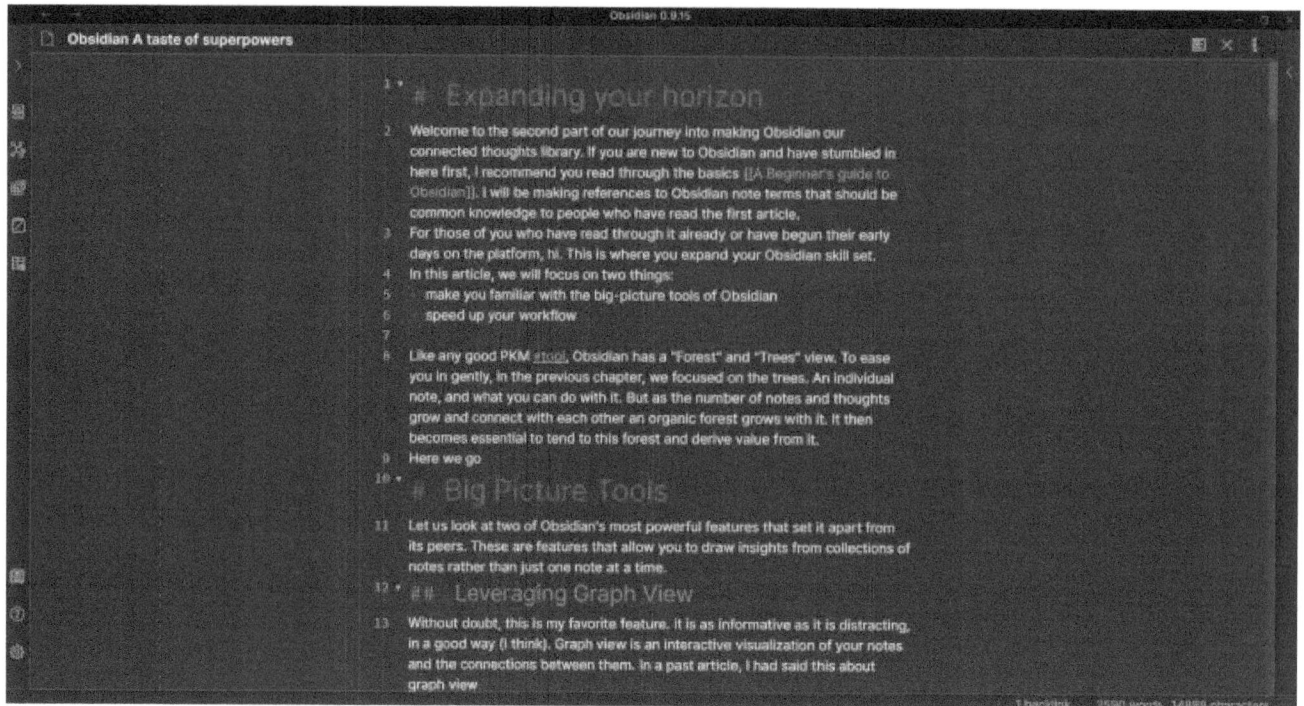

Modalità A/B

È possibile utilizzare questo stile per il confronto. È utile se si vuole verificare la differenza tra due versioni della stessa nota.

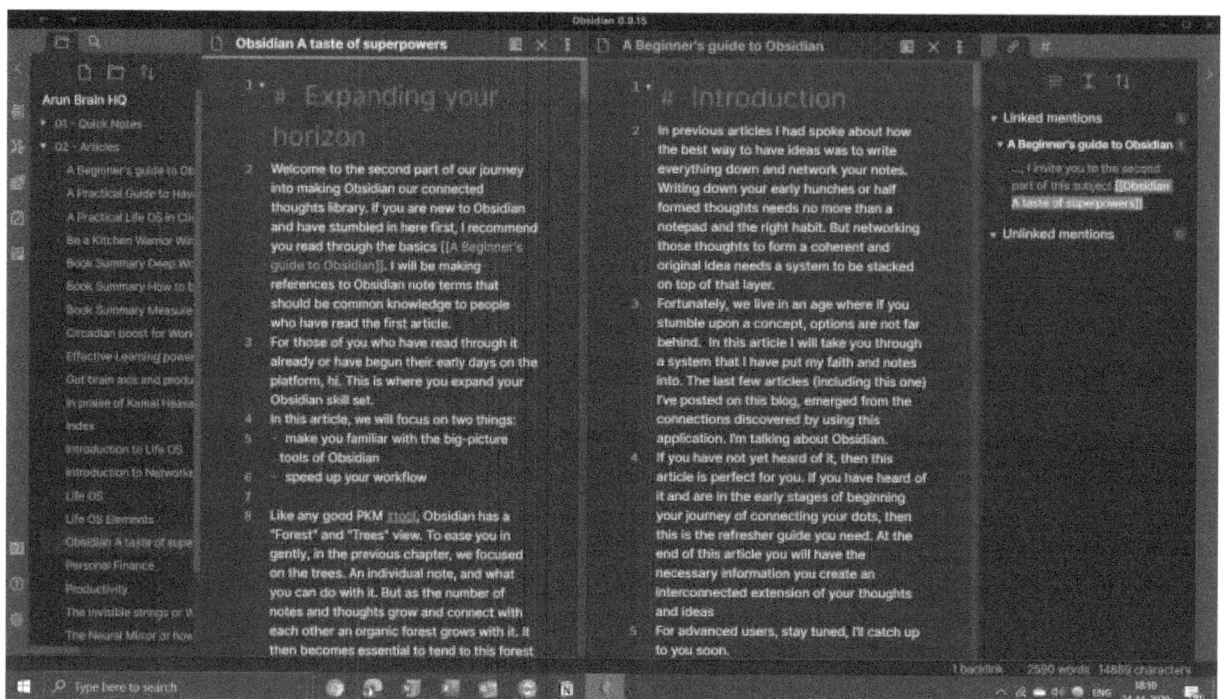

Modifica del testo

Anche se abbiamo evidenziato alcune scorciatoie e nozioni di base per la modifica del testo, è ovvio che la formattazione del testo in Obsidian è diversa da quella del Blocco note e di altri elaboratori di testi come MS Word. Ma resta il fatto che avete bisogno di una ricca collezione di funzioni di formattazione del testo che sono principalmente disponibili in Markdown.

Obsidian utilizza invece Markdown per la modifica del testo. La sintassi di Markdown consente l'uso di simboli che possono essere letti come formattazione all'interno del testo. Anche se può sembrare difficile, nella sezione seguente ne spiegheremo alcune nozioni di base.

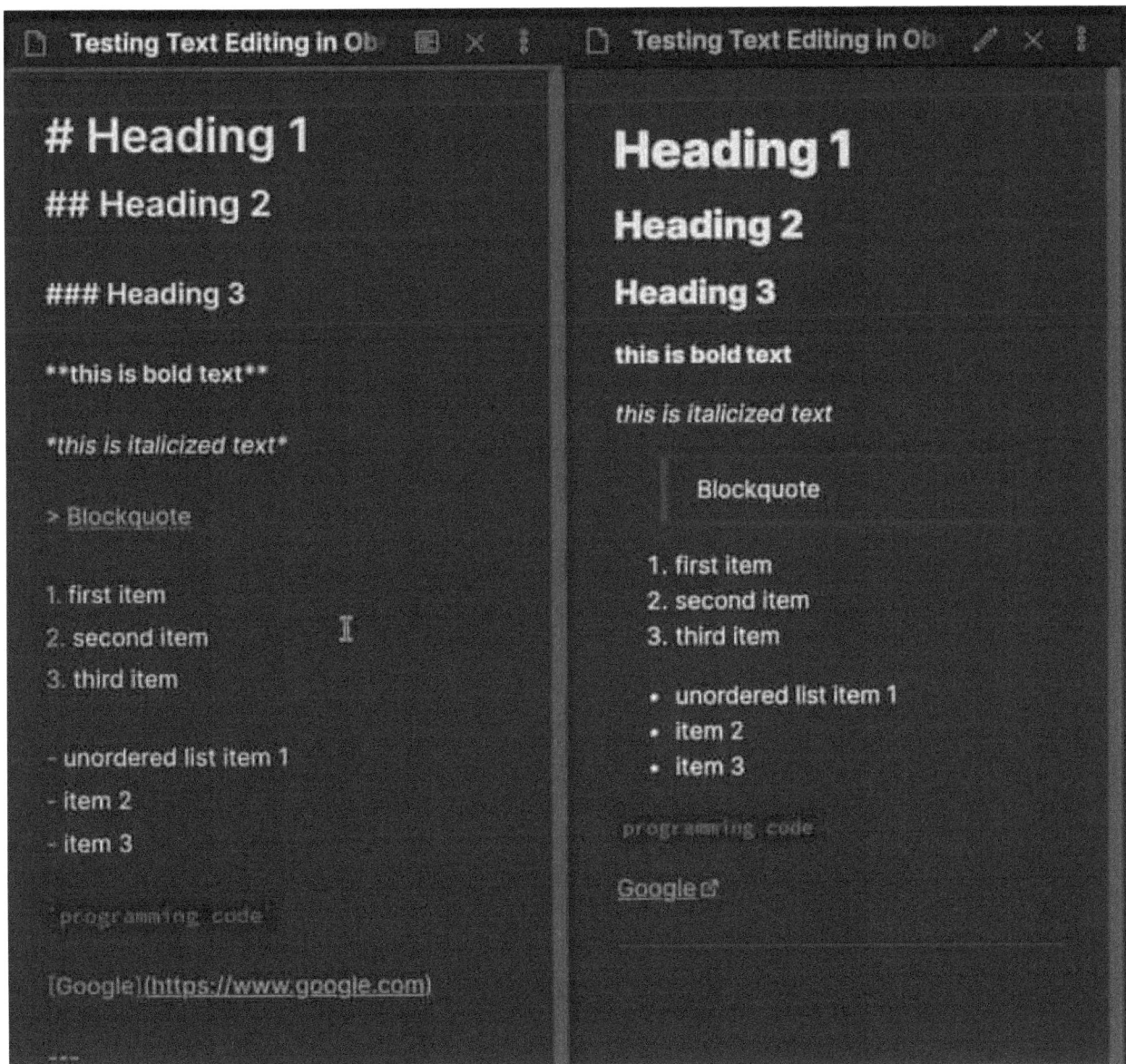

L'area destra della schermata qui sopra mostra la formattazione del testo, mentre l'area sinistra mostra come influisce sul carattere Markdown. Di certo non sembra così scoraggiante.

Visione divisa

Come suggerisce il nome, la visualizzazione divisa consente di aprire più note contemporaneamente. Obsidian ottiene questo risultato suddividendo la finestra in tutte le viste di note/grafiche che si desiderano, anziché aprire contemporaneamente schede diverse come avviene in altri programmi di elaborazione testi come Microsoft Word.

Per attivare la visualizzazione divisa, procedere come segue:

Fase 1: dovete decidere se volete dividere lo schermo verticalmente o orizzontalmente. Andate quindi nell'area in alto a destra e fate clic sui tre punti, selezionando la divisione orizzontale o verticale.

Fase 2: selezionare un nuovo diagramma o una nota dall'opzione.

Fase 3: Una volta aperto, è possibile aprire un backlink facendo clic con il tasto destro del mouse ([[**Backlink**]]) e toccando "**Open in new window**". "

Fase 3: per selezionare una nota nella vista diagramma, spostare il puntatore del mouse sulla nota, tenere premuto **il tasto Ctrl** e **fare clic**.

Fase 4: Seguire le istruzioni di cui sopra per assegnare un link alla split view.

Il meglio è che si può usare letteralmente su qualsiasi dimensione dello schermo e aprire fino a 4 note senza sovraccaricare i menu dell'interfaccia utente del sistema.

Di seguito è riportata un'immagine dell'aspetto della schermata.

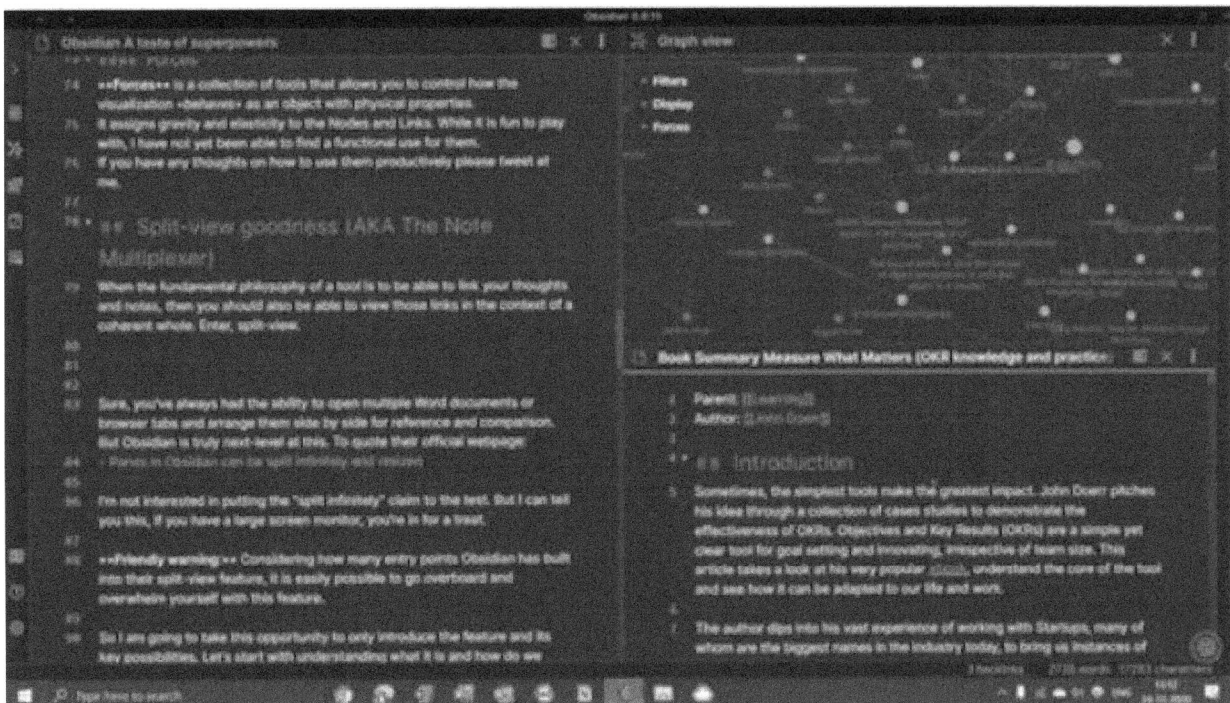

Nota: dato il numero di punti di accesso che Obsidian ha incluso nella sua funzionalità Split View, è facile che se ne faccia un uso eccessivo e che ci si lasci sopraffare.

Coglieremo quindi l'occasione per descriverne le funzionalità e le applicazioni più importanti. Cominciamo a capire cos'è e come si usa.

Perché è importante una visione condivisa?

La ragione della visualizzazione divisa non può essere sopravvalutata e gli utenti abituali di questa opzione, come i programmatori, probabilmente sanno quanto sia importante per l'idealizzazione. Tuttavia, ecco alcuni motivi per cui avete bisogno di uno schermo diviso di Obsidian.

- La vista divisa è un eccellente strumento di ricerca. Sia che stiate creando un nuovo contenuto o commentando un contenuto pubblicato in precedenza, non c'è niente di meglio che avere le note correlate aperte per accedere rapidamente a "blocchi che possono essere collegati" e "citazioni che possono essere citate per aggiungere profondità e credibilità al vostro materiale". "

- La vista divisa è utile quando si lavora con le mappe di contenuto. Per approfondire questa metanote è necessario un altro post che esplori i concetti e le applicazioni più avanzate di Obsidian. Per il momento, però, le mappe di contenuto possono essere considerate una pagina iniziale per le note su un argomento più ampio.

- Aprire una nota vuota e una vista divisa del grafico locale per vedere le connessioni che si stanno creando in tempo reale. Ciò consente di distinguere le connessioni che portano a note già create da quelle che si riferiscono a note ancora da scrivere.

- La visualizzazione divisa può essere utile se si vuole creare un mood board per le idee o rivedere un argomento noioso.

- Quando due informazioni sono aperte in un'unica interfaccia, è possibile lavorare in un ambiente privo di distrazioni quando è necessario rivederle o confrontarle.

- La vista grafica e la vista divisa sono due caratteristiche uniche di Obsidian che permettono di modificare le note contemporaneamente. L'ottimizzazione dei processi è l'altro aspetto da tenere in considerazione per andare avanti con Obsidian.

Come importare i file

È possibile importare qualsiasi tipo di file, ma come principianti possiamo limitarci ai file più importanti con cui lavorerete, come audio, video, immagini e PDF. Tuttavia, è necessario assicurarsi che il contenuto si trovi nella cartella vault. È prassi comune creare una cartella degli allegati e memorizzarvi tutti i media. Una volta che il materiale si trova nella cartella Obsidian, è possibile collegarsi ad esso utilizzando la seguente sintassi:

Importazione di immagini

Ci sono due modi per importare immagini nella nota: In primo luogo, è possibile trascinarle o utilizzare la sintassi Markdown. I seguenti formati di file immagine possono essere importati nella nota di Obsidian: PNG, JPG, JPEG, GIF, BMP e SVG.

Trascinare l'immagine nell'interfaccia della nota

Dopo il trascinamento, Obsidian colloca automaticamente il file importato nella cartella degli allegati. Tuttavia, vi suggerisco di creare una cartella in modo che le vostre note siano più chiare e meno ingombranti.

Di seguito sono riportate le istruzioni passo-passo per trascinare e rilasciare l'immagine.

Passo 1: aggiungere una sezione con la stessa nota in modalità anteprima dopo aver aperto la nota in modalità modifica.

Fase 2: Aprire un'immagine nell'archivio file locale

Fase 3: trascinare l'immagine nella modalità di modifica della nota.

Fase 4: Come si può vedere nella figura seguente, la finestra di anteprima dovrebbe visualizzare l'immagine, mentre la modalità di modifica visualizza la sintassi dell'immagine Markdown.

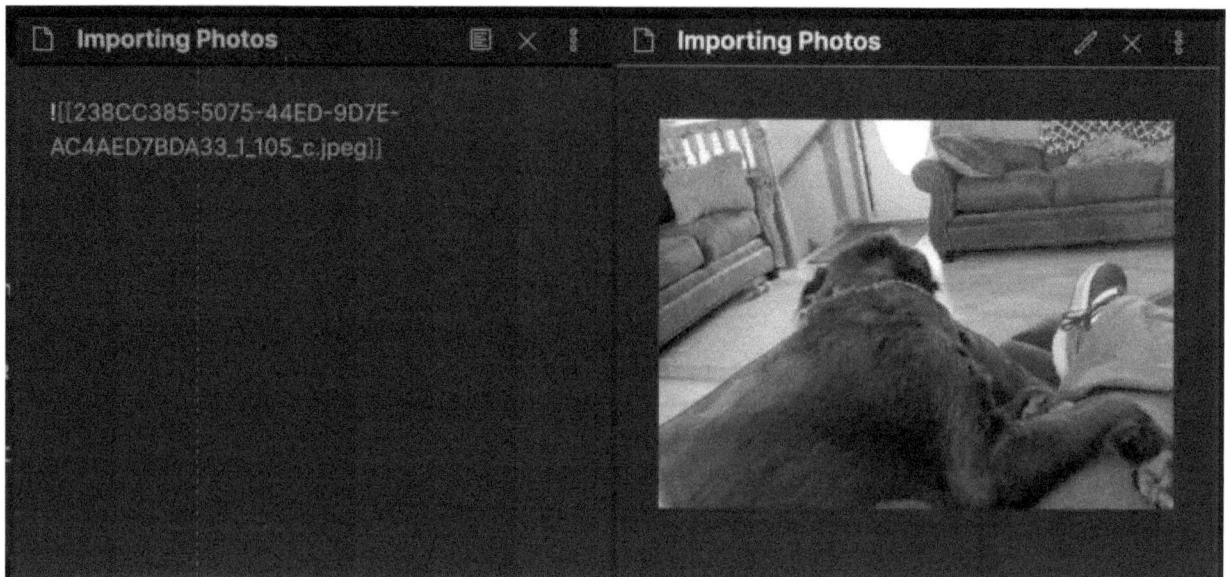

Utilizzare la sintassi di Markdown

La cosa migliore dell'uso di Obsidian è che le sintassi sono abbastanza facili da ricordare. Quindi, se si vuole aggiungere un file immagine con il formato del file alla fine. Supponiamo di voler aggiungere un'immagine salvata con Bexy in formato jpg; è necessario inserire la sintassi come segue: **[Immagine](Bexy. jpg)**

Per regolare le dimensioni del file, è possibile inserire la dimensione in pixel in una parentesi aperta e chiusa "()". "

Importazione di audio e video

Obsidian permette anche di trascinare e rilasciare video e file audio nell'interfaccia della nota; basta trascinare in modalità di modifica per vedere il risultato nella finestra di anteprima, come mostrato nella schermata sottostante. I formati di file compatibili per l'audio sono Mp3, WebM, WAV, M4a, Ogg, 3gp e FLAC; i file video compatibili sono Mp4, WebM e ogv.

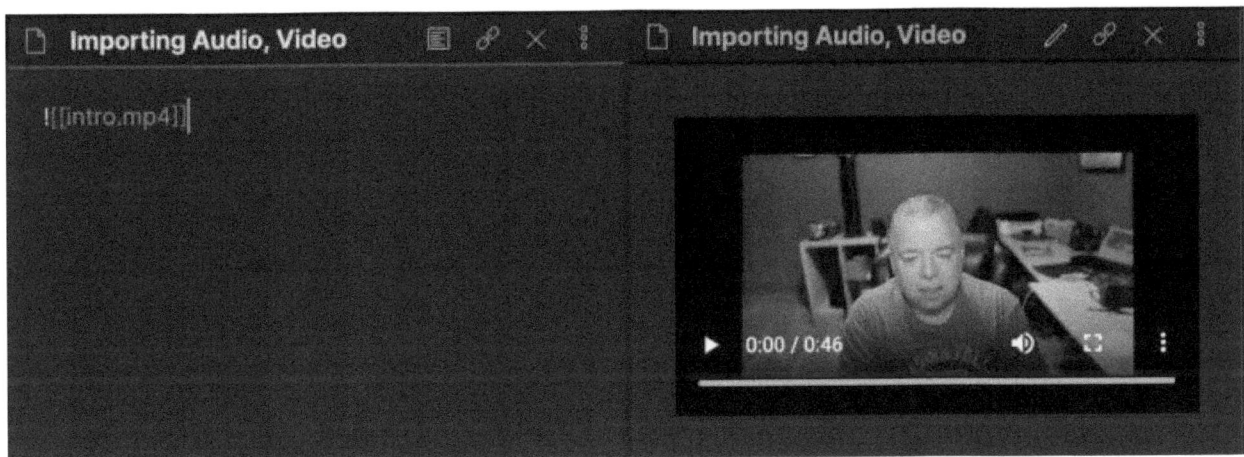

Importazione di PDF

La procedura sembra essere quasi la stessa per tutti i file multimediali, ma è leggermente diversa per i file PDF. Poiché i PDF non possono essere fisicamente inclusi nelle note, devono apparire come allegati. Ciò significa che non verrà visualizzato il file PDF vero e proprio, ma un'anteprima del titolo del file in modalità anteprima.

In basso a sinistra si trova un campo con una freccia. Se ci passate sopra con il puntatore del mouse, vedrete il messaggio "Open in Default App". Facendo clic su di esso, il file PDF si aprirà automaticamente nel lettore PDF predefinito del computer.

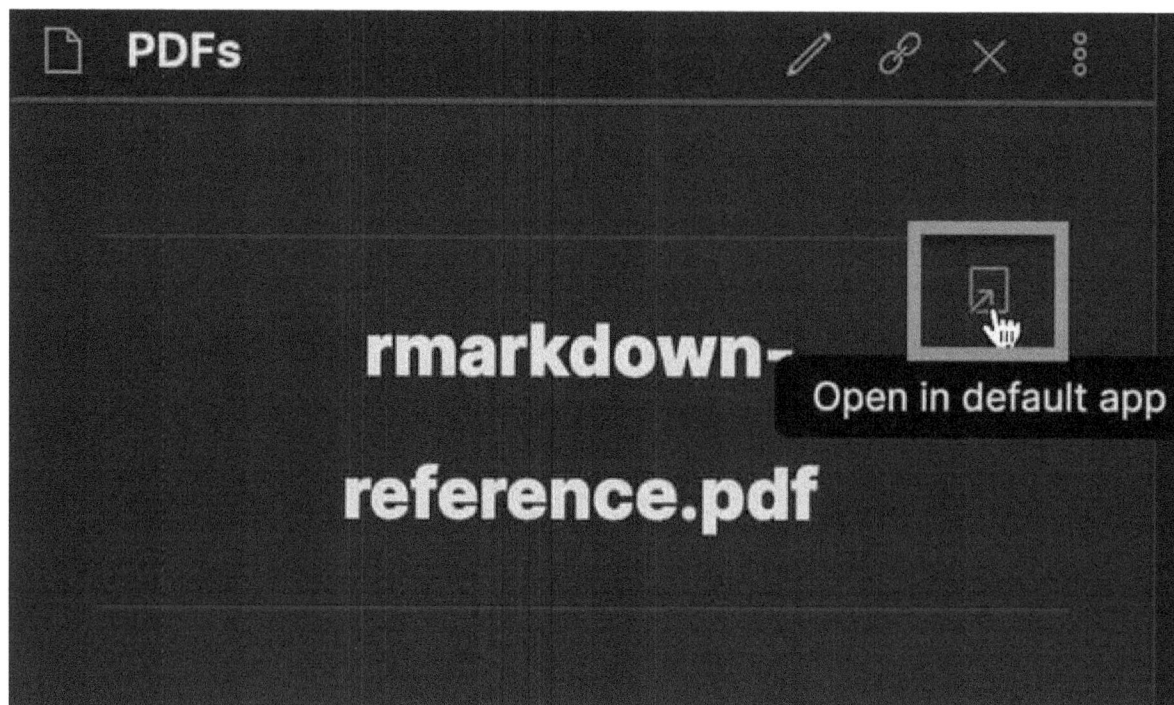

Grafico della conoscenza

Ogni volta che si preme la combinazione di tasti CTRL + G, il diagramma di Obsidian viene posizionato al posto della nota attiva. Il diagramma mostra visivamente le connessioni e i tag tra le note e aiuta a scoprire relazioni tra le note che prima non si conoscevano.

L'uso dei grafici della conoscenza è un ottimo modo per vedere come sono collegate le diverse note del vostro Vault. Quando si inizia a usare Obsidian, questo potrebbe non sembrare un grosso problema. Man mano che si aggiungono sempre più note e backlink per collegare le informazioni tra loro, il grafico della conoscenza rivelerà sempre più collegamenti, alcuni dei quali potrebbero non essere immediatamente evidenti.

Esistono due livelli di visualizzazione del diagramma: locale e globale. Nella vista "Diagramma locale" vengono visualizzati i collegamenti alla nota su cui si sta lavorando. La vista "Diagramma globale" mostra una mappa di tutte le note.

Selezionando **"Open Local Graph"** tramite il pulsante del menu (tre punti) nell'angolo superiore destro della finestra della nota, è possibile accedere alla grafica locale dall'interno di una nota.

La barra degli strumenti di sinistra contiene il pulsante Grafico globale. Quando viene visualizzato il messaggio **"Open Graph View"**, spostare il puntatore del mouse su di esso.

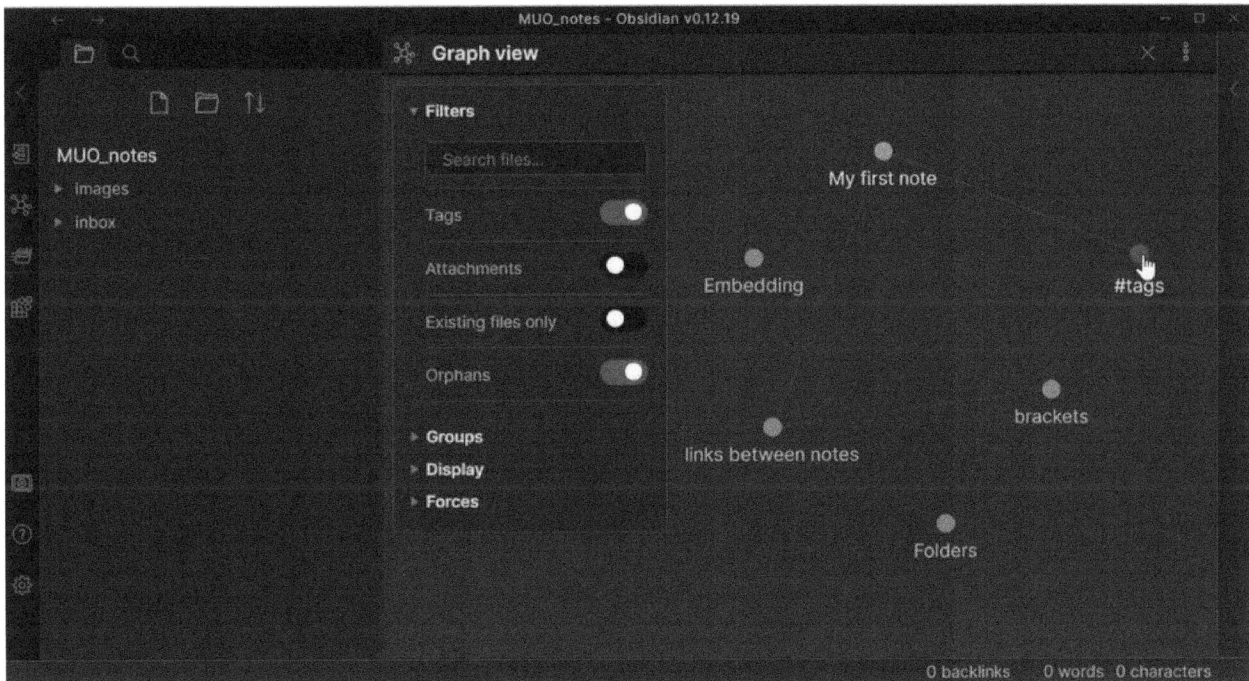

Filtrare i grafi della conoscenza

Filtrare il Knowledge Graph è molto semplice, ma è necessario rispettare i criteri elencati di seguito:

- È possibile specificare il numero di parole della nota.
- Come riconoscere se la nota contiene tag o meno
- Che ci siano o meno allegati
- Se la nota è etichettata o meno
- Per specificare quali note sono file esistenti, non solo collegamenti
- Se la nota è un file a sé stante senza riferimenti ad altre note

Queste funzioni si attivano non appena si preme il pulsante di accensione/spegnimento.

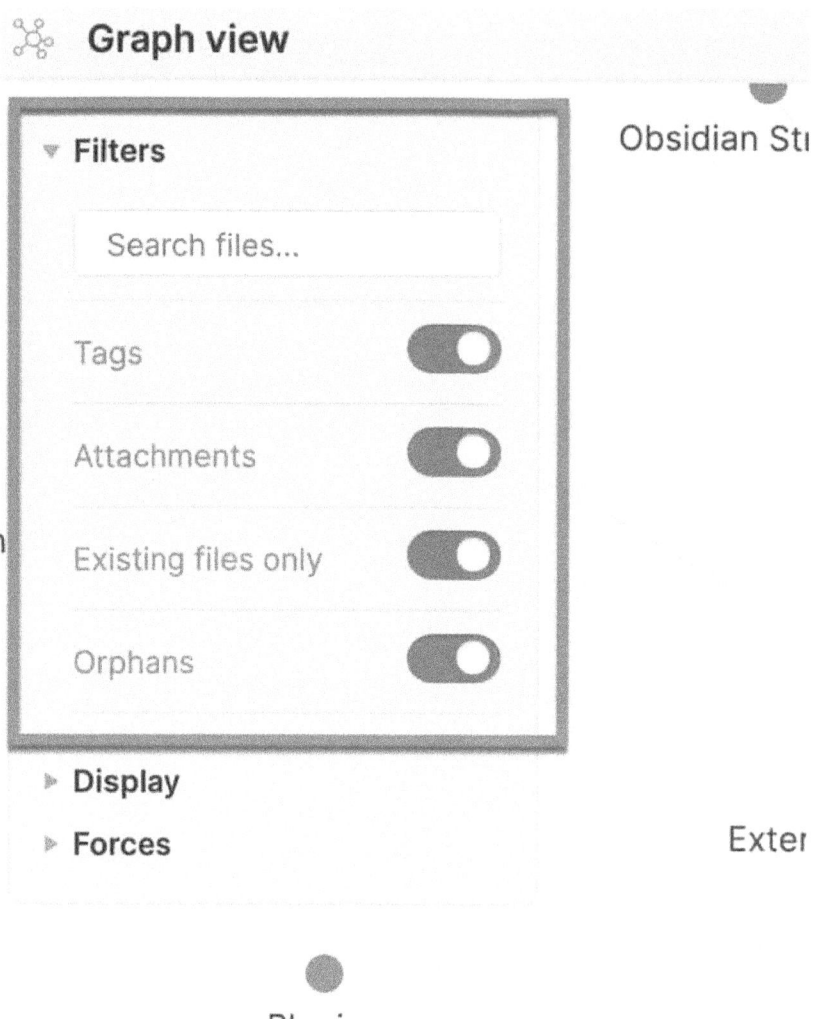

Dettagli della vista grafica

La vista diagramma è una rappresentazione dinamica delle note e delle relazioni tra di esse. Rappresenta l'organizzazione delle note sotto forma di un disegno a raggiera. I nodi più grandi rappresentano le note più collegate.

È possibile trascinare un nodo sullo schermo tenendo premuto il pulsante del mouse per vedere come la raccolta di note si comporta come una creatura microscopica, oppure fare clic su un nodo per visualizzare la nota.

Se si sposta il puntatore del mouse sui nodi, vengono evidenziate tutte le connessioni vicine. È possibile eseguire lo zoom utilizzando la rotella di scorrimento del mouse o il gesto del pizzico sul tappetino del mouse.

La situazione diventa più complicata quanto più si collegano e si registrano i dati. Il diagramma di ogni individuo è chiaro, come dovrebbe essere.

Tuttavia, può essere richiamata sia a livello locale che globale. Le connessioni alla nota su cui si sta lavorando sono visualizzate nella vista "Grafico locale". La vista "Global Graph" mostra una mappa di tutte le note.

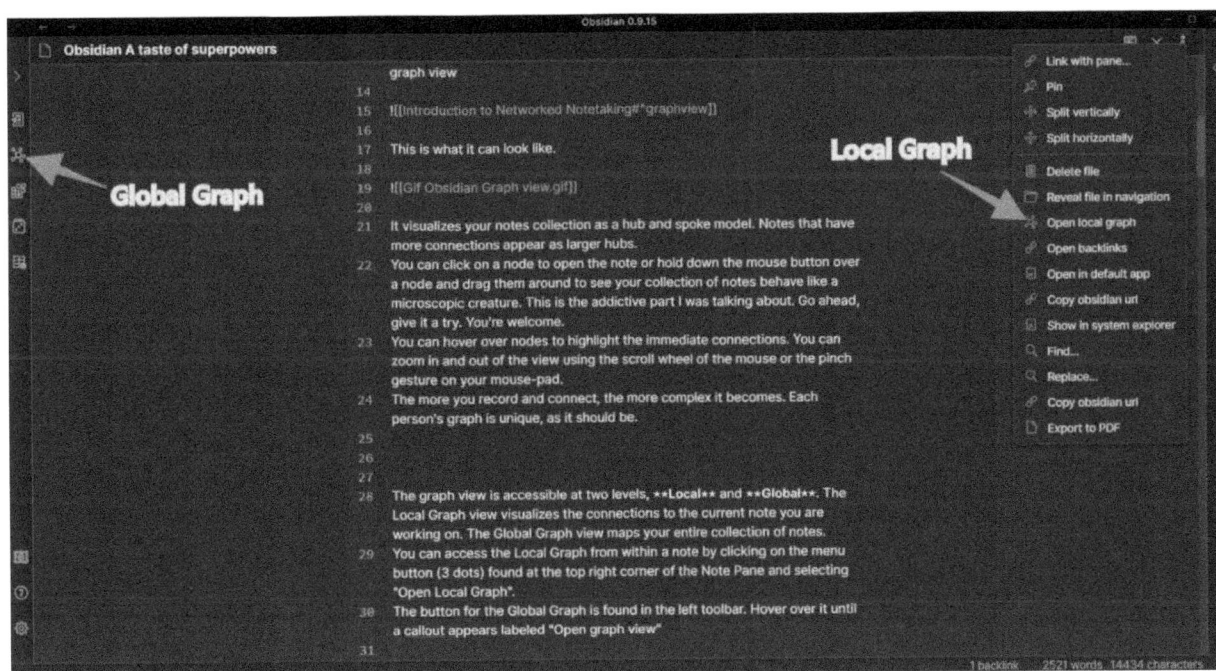

Foratura

La visualizzazione del grafico offre un controllo più preciso sull'inserzione, indipendentemente dal fatto che si scelga l'opzione Locale o Globale. Vediamo quali sono le loro funzioni e, soprattutto, come si può trarre vantaggio dal loro utilizzo.

Una finestra fluttuante con le opzioni degli strumenti appare nell'angolo superiore sinistro quando si apre la vista grafica. La versione 0.9.11 di Obsidian ha attualmente tre controlli principali: Forze, Visualizzazione e Filtri. Si tratta di menu a discesa che coprono i controlli corrispondenti. Ecco come funziona:

Filtri

I filtri sono uno degli strumenti più efficaci per ottenere approfondimenti all'interno della raccolta, in quanto consentono di giocare con l'ampiezza e la profondità dei collegamenti tra le note.

L'opzione Filtro visualizza una serie di opzioni diverse dalle viste Locali e Globali. Le discuteremo tutte.

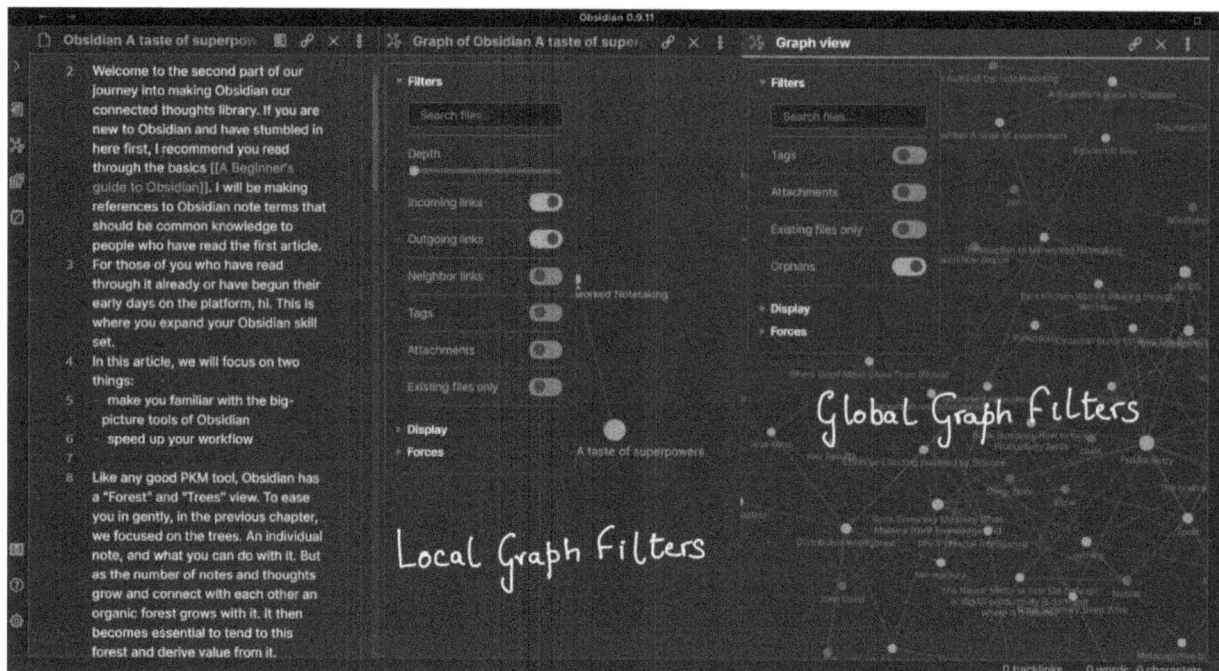

Filtri comuni

Ricerca

Nella parte superiore del menu si trova l'opzione "Cerca", con la quale è possibile filtrare le note che contengono il termine di ricerca.

Esistono molti altri casi d'uso; un buon esempio è la ricerca di menzioni mancanti nelle note, che possono essere incluse nel cluster con l'aiuto dei backlink. Un altro suggerimento è la creazione di mappe di contenuto semplicemente copiando e incollando.

Alette standard

Con le levette generali, è possibile mostrare o nascondere solo i tag, gli allegati e i file esistenti. Quest'ultima opzione esclude le note vuote o i segnaposto creati quando si crea un backlink a una nota non ancora esistente o priva di contenuto.

Grafico globale extra

Orfani

Questo pulsante si riferisce alle note indipendenti che non sono collegate al resto della collezione.

Questa è una buona occasione per rivederli. Decidete se hanno una connessione che deve essere stabilita manualmente attraverso i backlink, o se sono l'inizio di un nuovo nodo in cui i pensieri e le idee correlate devono ancora essere registrati.

Grafo locale extra

Profondità

È possibile utilizzare questo cursore per definire la distanza dalla nota corrente.

Se state lavorando a un articolo conciso su un argomento ristretto, non andrete oltre il primo livello di connessioni. Tuttavia, se state facendo una ricerca libera o siete alla ricerca di idee, passerete al secondo, terzo o addirittura quarto livello di connessioni per vedere se ci sono argomenti correlati in lontananza che stimoleranno il vostro cervello.

Collegamenti esterni e interni

Con questi pulsanti è possibile visualizzare il tipo di collegamento tra le note collegate. In combinazione con il pulsante "Arrows" nelle impostazioni di visualizzazione, la relazione diventa più chiara.

Questo è utile, ad esempio, quando si lavora su argomenti che presentano un flusso logico lineare o una relazione di causa-effetto tra i concetti.

Collegamenti

Questa funzione può essere attivata per determinare se i vari argomenti del grafico locale sono collegati tra loro.

Display

Come suggerisce il nome, è possibile utilizzare questa raccolta di strumenti per controllare l'aspetto della visualizzazione.

Questo include il pulsante "Arrows", che mostra la direzione in cui le note sono collegate. Se i collegamenti sono bidirezionali, si vedrà una doppia freccia.

È possibile controllare la visibilità del testo quando si esegue lo zoom avanti o indietro con la funzione "Text Fade Threshold".

I cursori "Node Size" e "Link Thickness" sono etichette ovvie e richiedono solo un po' di sperimentazione prima di decidere cosa si adatta alle vostre esigenze.

Forze

Force è una raccolta di strumenti con cui è possibile controllare il comportamento della visualizzazione come un oggetto con proprietà fisiche.

Assegna gravità ed elasticità ai nodi e ai collegamenti. È divertente giocarci, ma potrebbe essere difficile ottenere un uso funzionale per loro ora.

Usare YAML nella propria applicazione Obsidian

YAML è un acronimo che significa "Ancora un altro linguaggio di markup" (yet another markdown language). Tuttavia, può essere usato per aggiungere metadati a una nota di Obsidian. Questi dati possono essere alias o semplici tag. Poiché YAML è nascosto nelle note, è possibile aggiungere molte informazioni al markup senza sovraccaricare le note.

Ecco come appare uno YAML in una nota di Obsidian:

---

aka: [Top 10 Obsidian blueprint, perché Obsidian è il migliore]

tags: [nota,immagine]

Se il file YAML è stato inserito correttamente nelle note, i trattini cambieranno colore (per impostazione predefinita sono verdi).

Obsidian accetta di default i file YAML elencati di seguito in questo ordine:

alias \tags \cssclass

È possibile aggiungere ulteriori metadati YAML, ma Obsidian non li supporta in modo immediato. Tuttavia, può essere utile se si utilizzano plug-in come Dataview.

Come posso incorporare le pagine in Obsidian?

Se utilizzate Obsidian, capirete che è molto importante avere una funzione come l'incorporamento delle pagine, perché aiuta a garantire che le idee siano organizzate con il giusto collegamento, in quanto aiuta a vedere tutte le pagine in una sola. Ciò significa che una volta che il contenuto viene aggiornato sulla pagina originale, verrà aggiornato anche ovunque sia incorporato.

È possibile creare collegamenti ad altre pagine o blocchi intorno all'applicazione Obsidian. E si possono anche avere altre applicazioni uniche.

Se si desidera collegare una singola pagina, utilizzare l'opzione:

![[Nome della pagina]]

Se si vuole incorporare solo un paragrafo, si può usare la stessa sintassi, ma si deve inserire il simbolo "^" dopo il nome della pagina:

![[Nome della pagina^Blocco al link]]

È inoltre possibile collegare sia i titoli che i contenuti in essi contenuti. Immettere quanto segue:

![[Nome della pagina#Titolo del link]]

Interrogazioni e ricerche

È possibile utilizzare le query per cercare nel Vault più note che soddisfano un requisito specifico. Ciò è utile se si desidera creare un hub per note specifiche. Ad esempio, si possono etichettare tutte le note che provengono da video e poi interrogare il vault per visualizzare solo le note di un creatore specifico:

Quando importo la seguente sintassi nel mio vault, le note vengono visualizzate sulle immagini create da Ben Jonas

"Domanda

#immagini + Ben Jonas

```

*Ricerca*

Se si desidera cercare tra le note precedenti nel vault, è possibile farlo anche con i seguenti passaggi.

Utilizzare le scorciatoie da tastiera Ctrl+Maiusc+F per Windows o Cmd+Maiusc+F per Mac. In alternativa, è possibile selezionare la scheda "Esplora file" e fare clic sul pulsante "Cerca" nell'angolo in alto a sinistra.
```

Link, tag e backlink

Uno dei punti di forza di Obsidian è la sua potente implementazione dei link. Il modo più semplice per creare un link in Obsidian è il wiki link. Si tratta di un collegamento nel testo a un'altra pagina della vostra collezione di Obsidian. Si può ottenere usando le parentesi quadre come segue: [[link alla pagina]]

È anche possibile collegarsi a blocchi specifici inserendo il simbolo "^" dopo il nome della pagina, in questo modo: [[link pagina^blocco da collegare]]. In questo modo, Obsidian visualizzerà un menu contestuale per aiutarvi a selezionare il blocco corretto nel vostro documento. È possibile collegarsi ad altre pagine del repository di Obsidian, oppure utilizzare questa funzione per collegarsi ai blocchi del documento corrente. Ciò è utile quando si creano contenuti di pagina per documenti di grandi dimensioni.

È anche possibile impostare un collegamento a un titolo specifico utilizzando questo [[Collegamento alla pagina#Il titolo]]. Tuttavia, è possibile inserire un semplice link a ogni livello, che visualizza un'anteprima quando ci si passa sopra con il puntatore del mouse. In alternativa, si può anche incorporare il link facendolo precedere da un "!" per aggiungere l'estratto corrispondente alla nota esistente.

Sappiamo già come creare nuove note tramite una scorciatoia, ma è anche possibile creare nuove note:

- Backlink a voci specifiche all'interno di un documento specifico
- Backlink ad altri documenti
- Collegamenti esterni

Queste sintassi di collegamento sono introdotte in modalità di modifica. Tuttavia, l'anteprima mostra come appariranno nella nota.

Collegamenti interni

Se si inizia una nuova nota e si mette il titolo tra doppie parentesi, si può creare un collegamento a una nota precedente. Tuttavia, uno dei superpoteri di Obsidian permette di creare collegamenti a note che non esistono ancora. Se non esiste ancora una nota con quel nome, quando si cerca di aprire una frase racchiusa tra doppie parentesi, Obsidian la crea.

Obsidian funziona come qualsiasi altro programma per prendere appunti, ma permette anche di collegare le note all'equivalente di wikilink racchiudendole tra doppie parentesi quadre.

È possibile utilizzare gli alias per modificare l'aspetto dei collegamenti nell'anteprima di una nota. A tale scopo, inserire il carattere pipe (|) direttamente dopo il collegamento, seguito dal testo alternativo.

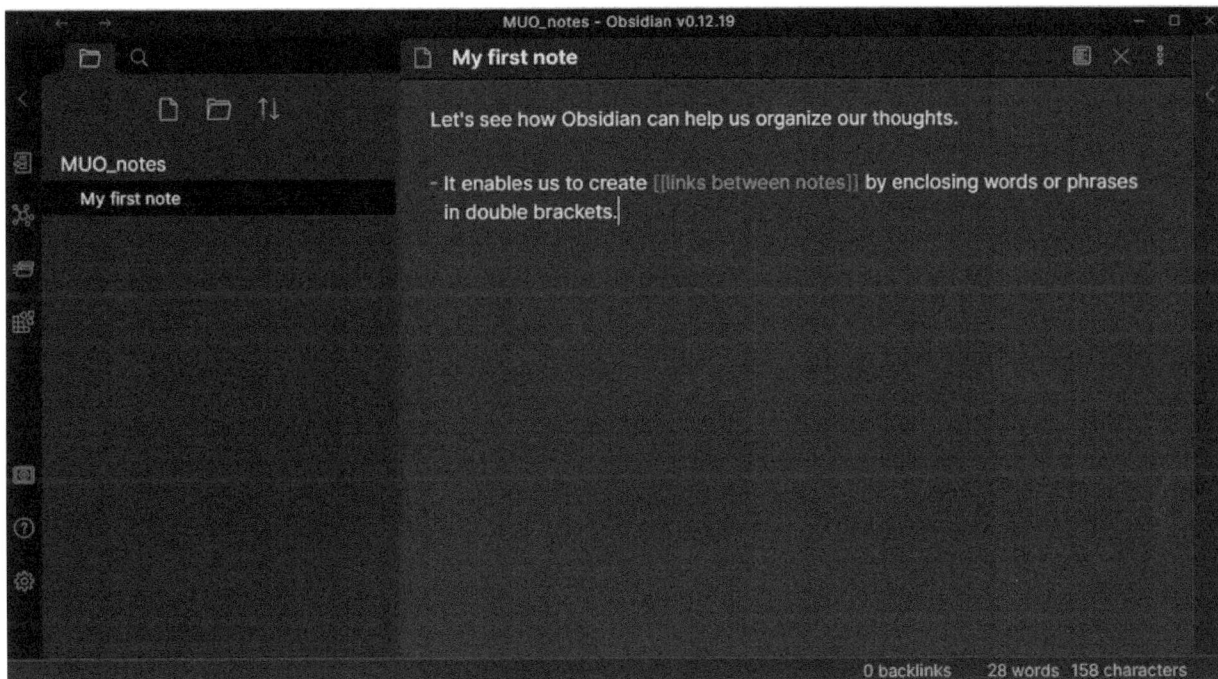

Per creare le vostre note con titoli, citazioni e altri elementi, utilizzate il supporto completo della sintassi Markdown di Obsidian. Con la normale scorciatoia CTRL + E è possibile passare dalla modalità di modifica a quella di anteprima in qualsiasi momento. Questo è

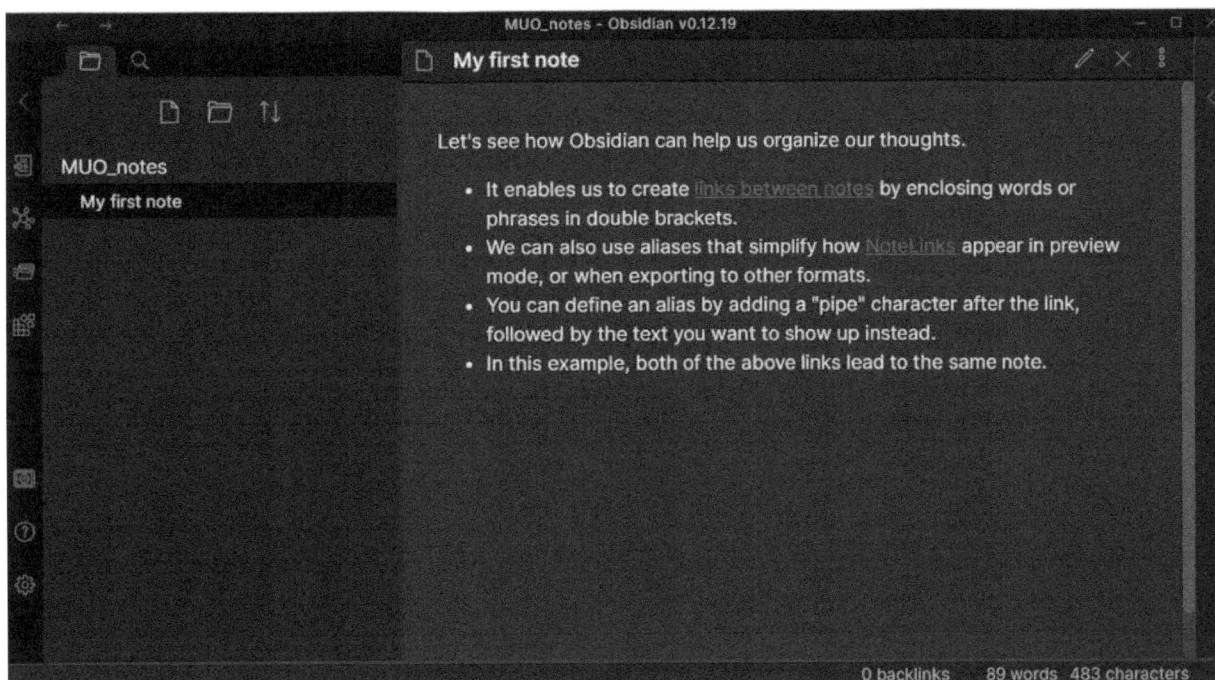

particolarmente utile se si vuole vedere un esempio della propria nota in Office, Google Docs o anche WordPress dopo l'esportazione.

Backlink

I backlink sono collegamenti tra le note che rimandano ad altre note del Vault. Se si collegano altre note, tutti i collegamenti che riconducono alla nota attiva vengono visualizzati nella finestra "Collegamenti" nella barra laterale destra.

Il fatto che Obsidian sia in grado di identificare le occorrenze del nome di una nota, anche se non si tratta di link veri e propri, è un'altra caratteristica fantastica. Nella finestra dei backlink è possibile cercare tutto ciò che è collegato alla nota attiva. I backlink sono importanti per due motivi:

- Facile accesso ai contenuti rilevanti
- Grafici della conoscenza per visualizzare i collegamenti tra le note

Tuttavia, di seguito viene spiegato come impostare i backlink in Obsidian.

Fase 1: aprire la nota in cui si desidera creare il backlink.

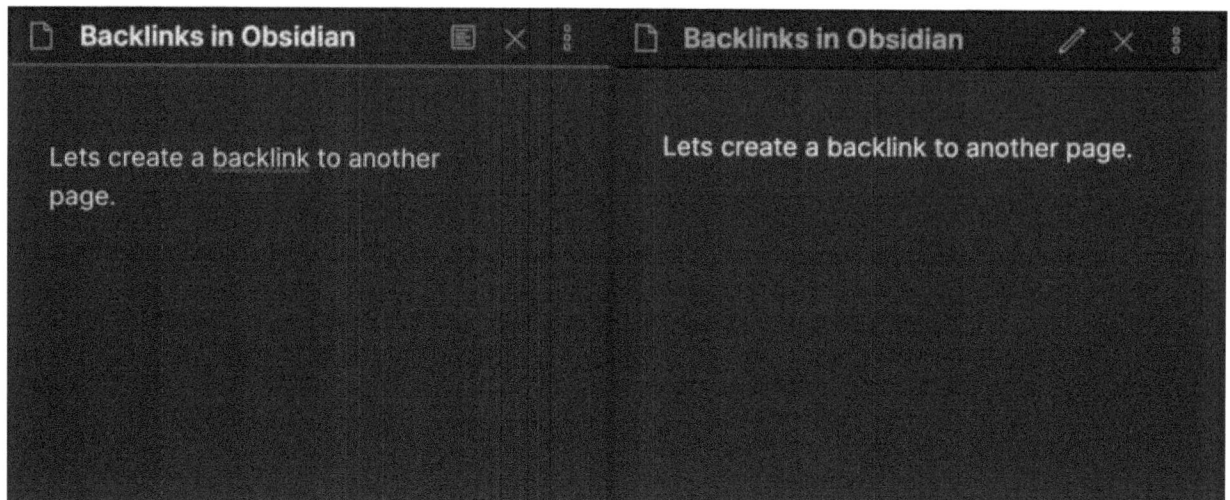

Fase 2: inserire due parentesi graffe per aprire il selettore di note e selezionare la nota dall'elenco.

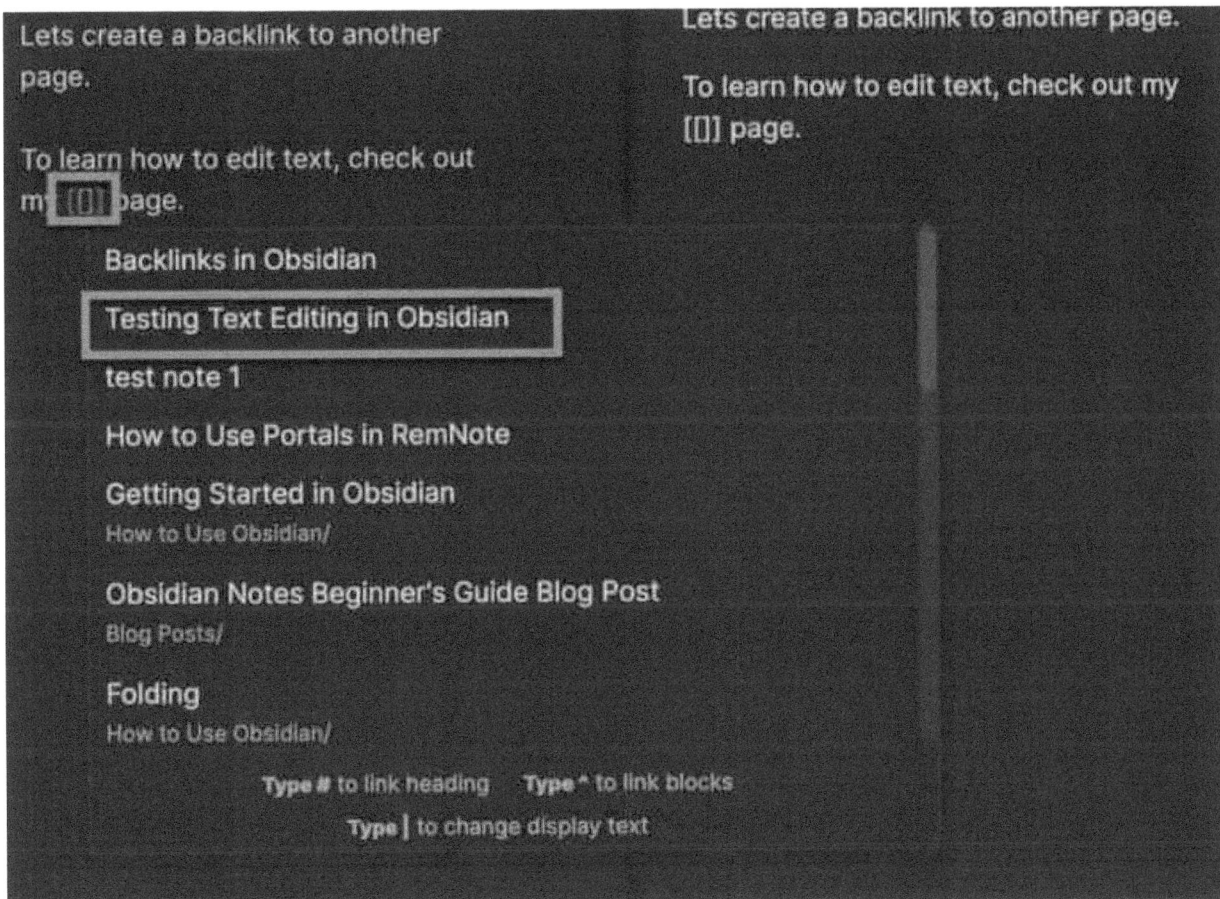

Lets create a backlink to another page.

To learn how to edit text, check out my [[]] page.

Lets create a backlink to another page.

To learn how to edit text, check out my [[]] page.

Backlinks in Obsidian

Testing Text Editing in Obsidian

test note 1

How to Use Portals in RemNote

Getting Started in Obsidian
How to Use Obsidian/

Obsidian Notes Beginner's Guide Blog Post
Blog Posts/

Folding
How to Use Obsidian/

Type # to link heading   Type ^ to link blocks
Type | to change display text

Fase 3: Il vostro backlink è stato creato

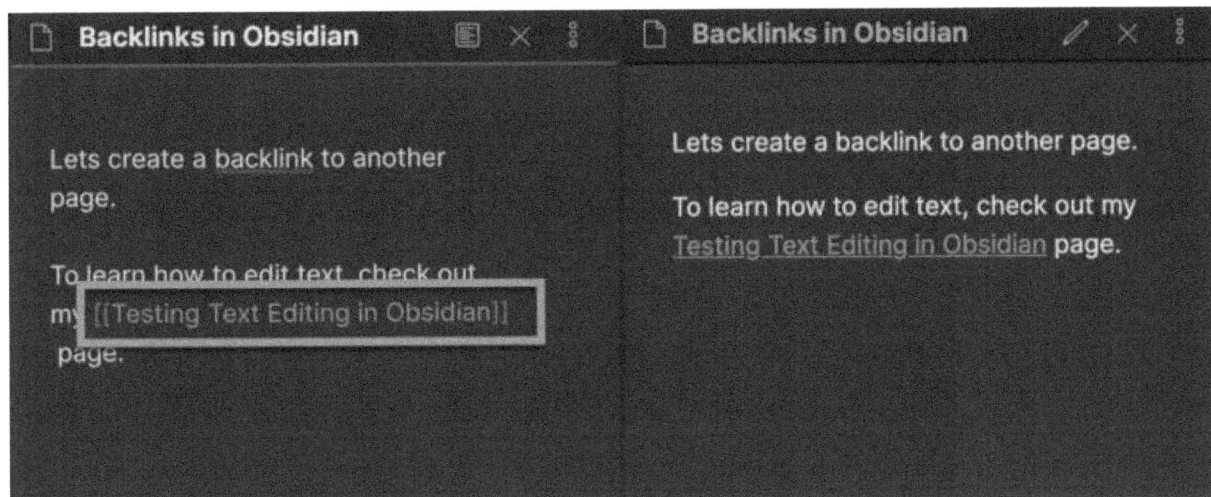

Backlinks in Obsidian

Lets create a backlink to another page.

To learn how to edit text, check out my [[Testing Text Editing in Obsidian]] page.

Backlinks in Obsidian

Lets create a backlink to another page.

To learn how to edit text, check out my Testing Text Editing in Obsidian page.

Ma cosa succede se si vuole creare un collegamento a una sezione specifica di un'altra nota? Obsidian supporta anche questo.

Tag

È anche possibile utilizzare i tag per organizzare le note. Tuttavia, a differenza della maggior parte delle soluzioni per prendere appunti, Obsidian adotta l'approccio Twitter: potete inserire i vostri tag ovunque vogliate.

Alcuni preferiscono inserire i tag separatamente dal "main text" su una singola riga. Altri trovano più "organico" integrarli nel testo.

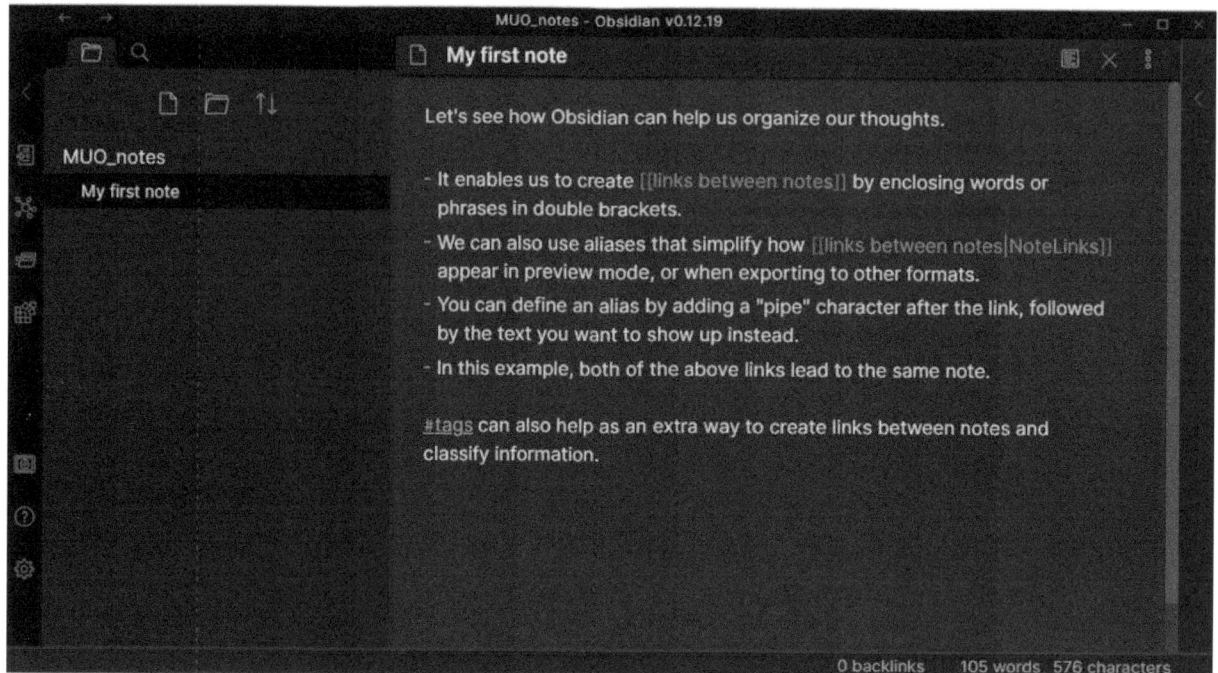

Entrambi i seguenti approcci sono quindi validi:

#muo #nota #obsidian

Questa è la mia prima #nota in #obsidian, grazie #muo!

Scansione di documenti in Obsidian

In precedenza, abbiamo parlato dell'importazione e dell'incorporazione dei file; in questa sezione si parla di come scansionare i documenti e utilizzarli nell'applicazione Obsidian. Per questo esercizio utilizzeremo il Fujitsu ScanSnap S1300i. Questa procedura è compatibile con la maggior parte delle applicazioni di scansione più recenti; tuttavia, consente di eseguire la scansione direttamente in un vault. Le procedure per attivare la procedura sono descritte di seguito:

Passo 1: personalizzare la configurazione

Per prima cosa, è necessario personalizzare la configurazione dell'applicazione per la scansione della cartella. Date un'occhiata alla schermata:

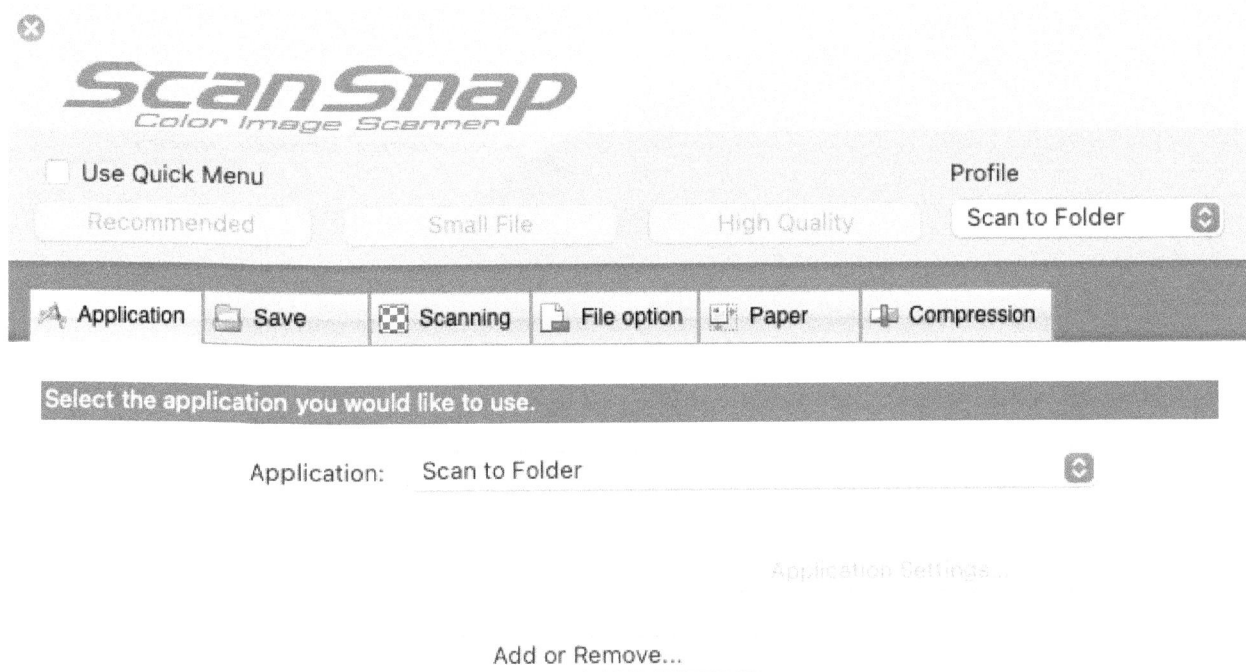

Passo 2: salvare

Impostare lo scanner in modo che salvi direttamente nella cartella "_attachments". Questa cartella dovrebbe essere stata creata nel vault di Obsidian.

Selezionare quindi il formato del nome del file e scegliere il formato YYYmmmddhmmss. Il formato della casella delle note è di solito perfetto per il prefisso dei nomi delle note. Se si effettuano frequentemente ricerche di date o se si pensa che le ricerche di date siano il modo migliore per identificare il file grezzo in Obsidian, allora potrebbe essere necessario seguire questa strada.

Fase 3: Selezionare le opzioni del file

Nota: lo scanner imposta automaticamente il formato del file su PDF, ma è possibile selezionare un'opzione di file preferita nella sezione Formato file. Selezionare la lista di controllo Converti in PDF ricercabile.

Attualmente Obsidian non supporta la ricerca nei PDF, ma è possibile ottenere questo aggiornamento molto presto, almeno come plug-in della comunità, anche se non è incluso nella sezione dei plug-in principali.

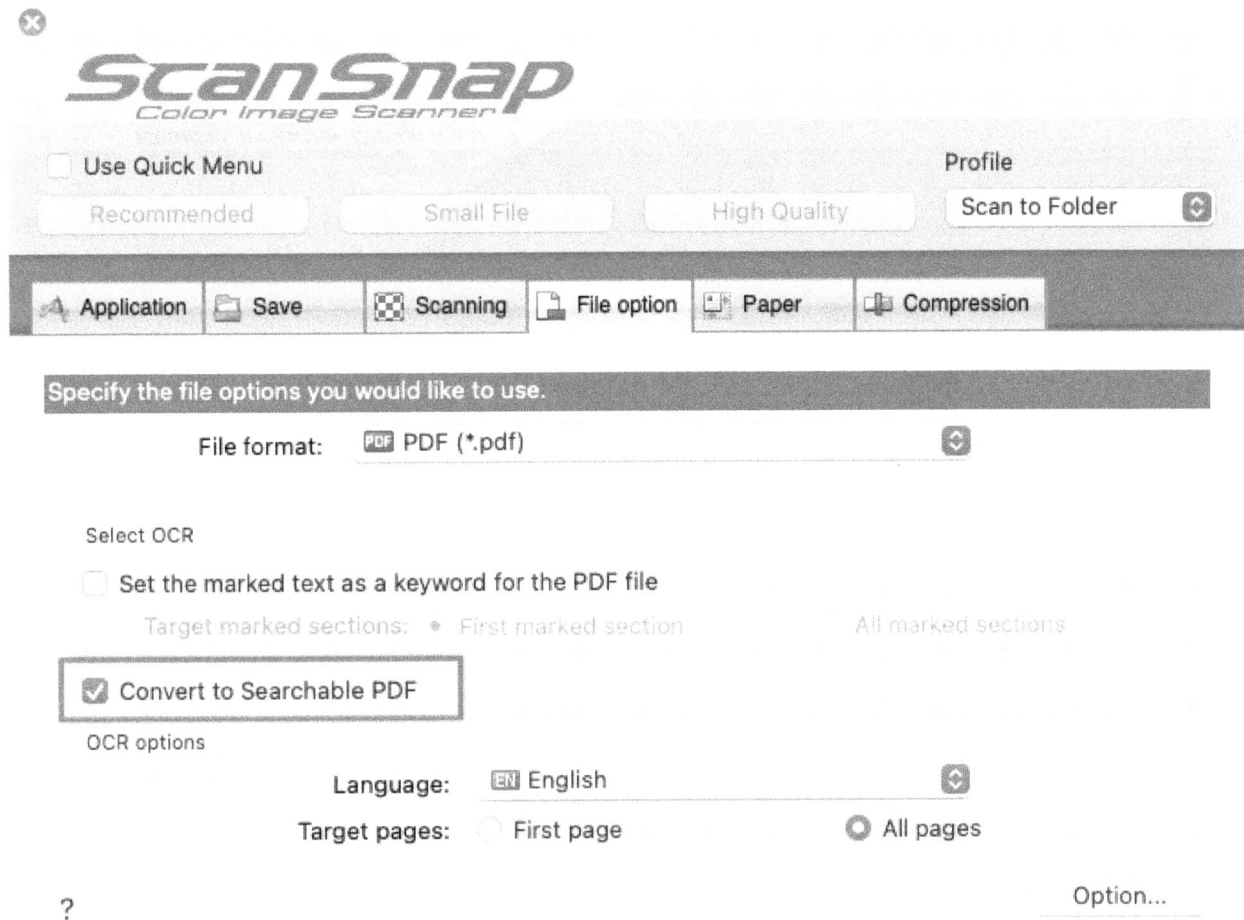

Una volta effettuate queste impostazioni, posizionare il documento sullo scanner e premere il pulsante blu di scansione per inserirlo in Obsidian. Il file PDF viene salvato automaticamente nella cartella _attachments del mio Vault dopo la scansione del documento.

Fase 4: prendere appunti sul file PDF

A questo punto è possibile:

Assegnare al file PDF un nome pratico che sia facilmente rintracciabile nel Vault.

Per "racchiudere" il PDF, è possibile creare una nota strutturata in Obsidian. Ciò consente di collegare la nota al file PDF utilizzando i metadati (tag, ecc.) presenti nella nota. In questo modo è facile fare riferimento al documento con la nota preparata che contiene un link al file PDF incluso nella nota.

Di seguito è possibile vedere la scheda di immunizzazione Covid-19 di Jamie Todd. Il file contiene una nota strutturata collegata al file PDF scansionato. Tuttavia, la schermata mostra come il file PDF viene visualizzato sia in anteprima che in modalità di modifica:

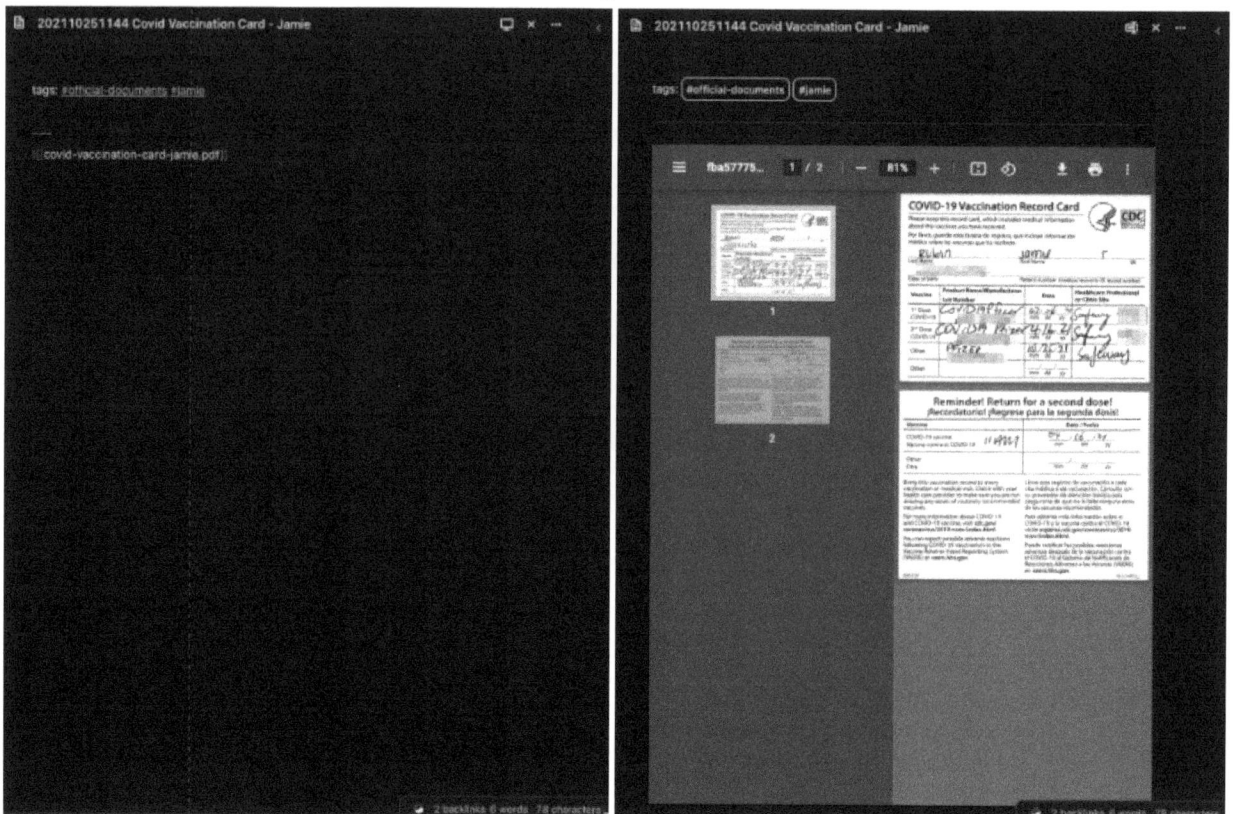

Includere il documento scansionato in una nota strutturata può sembrare superfluo, ma in questo modo è possibile aggiungere tag e altri componenti al documento che non sarebbe possibile aggiungere a un semplice file PDF.

Come salvare le idee e gli appunti in Obsidian

Quando si lavora con i dati, la sicurezza è un fattore essenziale da tenere in considerazione. Per questo motivo, per proteggere i vostri file Obsidian si avvale del principio della "pelle di cipolla". Tuttavia, ogni pro ha un contro; ogni tecnica da sola non è ideale. Nel loro insieme, tuttavia, offrono un elevato livello di sicurezza e di convenienza, per cui non dovrete preoccuparvi di nulla.

Per questo motivo, in Obsidian esprimeremo questi livelli di sicurezza dei dati: Crittografia dei dati, Accesso digitale e Accesso fisico. Il diagramma che segue mostra un sistema di come si presenta l'approccio a cipolla alla sicurezza dei dati. Tuttavia, vogliamo iniziare con l'accesso fisico.

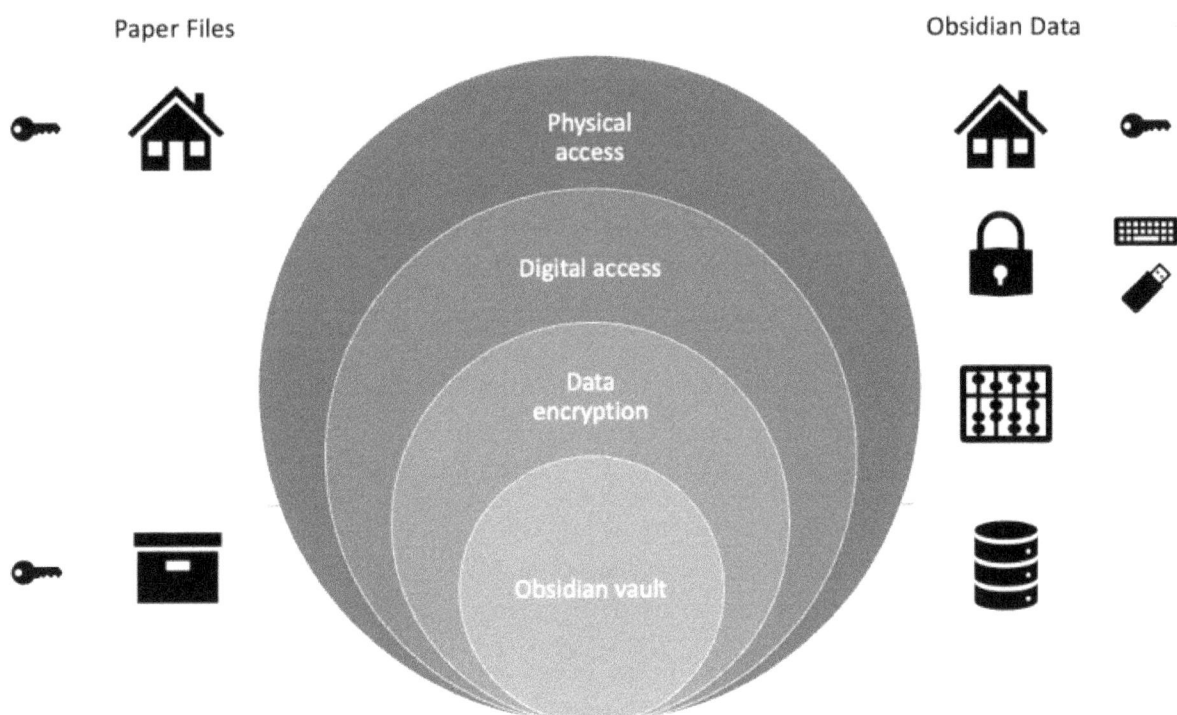

Protezione dell'accesso fisico ai dati di Obsidian

Uno degli argomenti principali è che i dati in Obsidian sono memorizzati localmente per impostazione predefinita. Ciò significa che tutti i vostri appunti sono perfettamente memorizzati sul vostro portatile, desktop o cellulare in ufficio o a casa.

Se qualcuno ha bisogno di accedere al vostro computer, deve anche accedere al vostro ufficio o al vostro telefono; deve prima entrare nella vostra casa o nel vostro ufficio. E solo con il vostro permesso fisico. Il livello di "accesso fisico" nel grafico qui sopra è a scopo illustrativo. La residenza sul lato destro rappresenta l'accesso fisico ai vostri dati Obsidian.

L'accesso fisico ai vostri appunti è attualmente lo stesso in entrambi i casi. Per accedere al vostro laptop o telefono, qualcuno deve ottenere l'accesso da voi. Di tanto in tanto, tuttavia, si sentono argomentazioni contro l'archiviazione digitale di alcuni tipi di dati. Questo ha perfettamente senso. Ognuno deve decidere da solo quanto lo trova conveniente. Tuttavia, i dati archiviati localmente sono quasi identici a una nota su un blocco note, in quanto si ha il 100% di controllo sulla sicurezza (sicurezza fisica).

Ci possono essere diversi livelli di sicurezza fisica in sé e per sé.

1. Installare una serratura sulla porta dell'ufficio di difficile accesso.
2. Installare una buona serratura per la porta d'ingresso
3. Predisporre un sistema di allarme per una maggiore sicurezza (tutto questo per le informazioni sensibili).

Molto prima di Obsidian, quando la maggior parte dei file era ancora archiviata su carta e in uno schedario, la maggior parte delle persone non doveva preoccuparsi della sicurezza dei dati. Per questo Obsidian è una delle opzioni migliori, perché i dati vengono archiviati localmente sul computer. Questo approccio offre quasi lo stesso livello di sicurezza della versione fisica.

Protezione dell'accesso ai dati digitali di Obsidian

Ma supponiamo che qualcuno riesca a superare la barriera di sicurezza fisica e si sieda davanti a un computer o a una chiavetta in cui è conservato il vault. L'accesso digitale ai dati di Obsidian sarebbe protetto dal secondo strato della cipolla, che ora rimane al suo posto.

Per accedere alle note di Obsidian, una persona deve innanzitutto essere in grado di accedere alla chiavetta con una password che abbia accesso al vault. Ciò significa essenzialmente che è necessaria una password per accedere a un computer. È meglio avere una password separata per ogni account. Una password può essere utilizzata solo per accedere a un dispositivo o servizio specifico. Per rendere la password più facile da ricordare, è possibile utilizzare un gestore di password o semplicemente provare password lunghe con una combinazione di numeri, caratteri e alfabeti.

Per il nostro esercizio, supponiamo che l'intruso riesca a decifrare la password del vostro computer, che è complicata e unica. Che cosa succede? L'accesso digitale può essere costituito da vari componenti, proprio come l'accesso fisico (chiavi, allarmi, ecc.). È meglio introdurre un'autenticazione a due fattori oltre a una password unica forte. Per accedere al computer è necessaria più di una password. È necessario utilizzare il secondo tipo di verifica. L'autenticazione a più fattori può assumere diverse forme, tra cui la biometria, gli strumenti di autenticazione, i messaggi di testo ad altri dispositivi e i dispositivi completamente autonomi come YubiKeys.

Non vale davvero la pena di preoccuparsi se qualcuno sarà in grado di aggirare l'autenticazione a due fattori, compromettere la mia sicurezza fisica e scoprire la password. Immaginate di tenere i vostri appunti su carta e in un quaderno, come mostrato nell'illustrazione a sinistra. In questa situazione, manca il livello di accesso digitale della cipolla della sicurezza. Confrontiamo quindi cosa occorre per recuperare i vostri appunti in Obsidian nella custodia e sulla carta:

Posizione	Carta	Ossidiana
Fisico	1. accesso alla casa (chiave, codice dell'allarme, ecc.) 2. ingresso in ufficio 3. uso del quaderno (chiave?)	1. accesso alla casa (chiave, codice dell'allarme, ecc.) 2. accessibilità dell'ufficio
Digitale	Nessuno	1. prestare attenzione al sistema di password complesse. 2. ottenere l'accesso al proprio metodo di autenticazione di backup

Sarebbe più facile accedere ai vostri dati se fossero archiviati in forma cartacea sul vostro posto di lavoro e non in Obsidian, dove il Vault è archiviato localmente sul vostro computer.

Codifica dei dati

Supponiamo che il nostro cattivo arrabbiato decida di prendere il mio computer dopo essersi infiltrato con successo nella vostra postazione di lavoro, ma non riesca a superare la protezione digitale del dispositivo per accedere ai dati sul disco rigido, magari installandoli su un altro dispositivo. La situazione comincia a sembrare ridicola, ma restiamo al punto.

È possibile crittografare il disco rigido con FileVault. Se disponibile, è integrato in MasOS, con una chiave a 256 bit e una crittografia AES a 128 bit. Fino a quando non viene concessa l'autorizzazione appropriata, i dati sul disco rigido sono crittografati a riposo, dopodiché i dati vengono decifrati. In questo contesto, per "autorizzazione appropriata" si intende l'accesso richiesto al paragrafo 2. Non esiste un modo realistico per decifrare i dati senza una password e un'autenticazione legittima da parte di un altro autenticatore. Il computer sarebbe inutilizzabile da chiunque lo possieda fino a quando non avrà cancellato l'unità, nel qual caso non avrà più accesso ai dati.

Insieme, questi tre strati di cipolla formano un tutt'uno. Se riuscite a mettere in atto tutti e tre i processi, è ovvio che sperimenterete un certo livello di comfort mentre vi concentrate sulla creazione di note di qualità. Anche se esiste la possibilità di una violazione, è talmente improbabile che non c'è da preoccuparsi.

Sincronizzazione delle note e sicurezza del cloud

Ma cosa succede se si vuole accedere alle note su diversi dispositivi?

È possibile che qualcuno acceda ai miei dati basati sul cloud?

L'opzione migliore è quella di sincronizzare i file e le note. In questo modo è possibile accedere comodamente a diversi dispositivi.

Per ottenere prestazioni ottimali, è meglio utilizzare il servizio di sincronizzazione offerto da Obsidian. È possibile impostare facilmente un servizio di sincronizzazione veloce e affidabile e non doversi più preoccupare.

Obsidian Sync ha due modelli di crittografia:

- Crittografia controllata
- Crittografia end-to-end.

La cosa migliore è utilizzare la crittografia end-to-end, che offre un perfetto anonimato. A tal fine, i dati vengono crittografati prima di essere trasportati da e verso il servizio di sincronizzazione Obsidian, anche se sono già crittografati sul disco rigido. Vengono inoltre crittografati sui server di Obsidian. La cosa migliore è che voi avete accesso ai dati. La password di crittografia non è nota a nessuno, nemmeno agli sviluppatori. L'aspetto negativo, tuttavia, è che non sarà possibile accedere al Vault nel servizio di sincronizzazione di Obsidian se si dimentica la password.

Anche se i dati sono archiviati in Obsidian Sync, si applicano i tre livelli della mia cipolla di sicurezza. È necessario l'accesso fisico al server in cui sono memorizzati i dati. È necessaria una password per decifrare i dati del server e un accesso digitale a tali dati.

Come eseguire il backup di Obsidian su dispositivi mobili

I dispositivi mobili sono i più venerabili tra i punti di accesso alla sicurezza, soprattutto per la sicurezza fisica, in quanto sono molto facili da perdere. Potreste dimenticarli in un posto oppure potrebbero essere rubati senza che ve ne accorgiate.

Ma anche in questo caso possiamo utilizzare gli altri livelli. Per poter accedere ai dati del telefono, di solito è necessario un accesso diretto. Inoltre, l'accesso diretto al disco rigido è inutile perché i dati dell'iPhone sono crittografati. Inoltre, il telefono è protetto in modo tale che dopo un certo numero di tentativi di accesso non riusciti, i dati vengono cancellati, rendendo il telefono inutile per chiunque lo cerchi. Se si perde il telefono e questo è acceso e può entrare in contatto con una rete mobile, è possibile eliminare i dati anche da remoto.

Ulteriori suggerimenti per la sicurezza

La protezione dei dati non si limita a limitare l'accesso illegale. Garantisce anche la possibilità di accedervi quando se ne ha bisogno. Di seguito sono riportate alcune misure aggiuntive per proteggere le vostre informazioni importanti (compreso il Vault di Obsidian).

Provate una VPN

È importante essere sempre attenti alla sicurezza; non è sufficiente pensare che nessuno ci stia guardando. Quindi, se state navigando su un Wi-Fi privato o pubblico, assicuratevi di utilizzare una VPN se avete informazioni importanti sul vostro telefono per garantire la privacy. In questo modo, non dovrete più preoccuparvi che qualcuno spii la vostra rete a vostra insaputa. Grazie al servizio VPN, i dati sono protetti dall'inizio alla fine, non appena lasciano il vostro dispositivo.

Archiviazione dei dati

Questo include il backup frequente dei dati. Non solo sui dispositivi, ma anche nel cloud. È necessario eseguire costantemente il backup dei dati sui computer. Timemachine potrebbe essere una buona opzione per archiviarli su un disco rigido esterno, in modo da poterli ripristinare rapidamente in caso di ritardi o errori.

Le migliori pratiche

Così come le best practice sono importanti per il successo nell'uso di qualsiasi sistema, è anche importante mettere in pratica alcune delle seguenti idee se volete davvero ottenere il massimo dal vostro "**secondo cervello**":

Registrare spesso

Più il suono è forte, più è facile. La chiave del successo di un Obsidian sta quindi nel volume. Creiamo idee che non appaiono dal nulla. Ciò significa che maggiore è il volume e le connessioni dei vostri appunti, maggiore sarà l'utilità dell'ossidiana. Quindi, per utilizzare efficacemente il potere del vostro secondo cervello, è importante registrare il più spesso possibile.

Revisione meticolosa

Cercare "menzioni non collegate" (unlinked mentions). Potreste aver inavvertitamente menzionato note esistenti che non avete ancora collegato o indagato man mano che il vostro inventario di note cresce. Tuttavia, l'algoritmo di Obsidian le classifica come menzioni non collegate. È possibile tenere sotto controllo questo aspetto e assicurarsi di non perdere quel momento "aha" programmando una ricerca per "menzioni non collegate". "

Attivare la funzione "random note (Nota casuale)" facendo clic sul simbolo del dado nella barra degli strumenti di sinistra. In questo modo si generano note casuali. Questo stimola a riflettere su concetti dimenticati da tempo e ispira scoperte casuali.

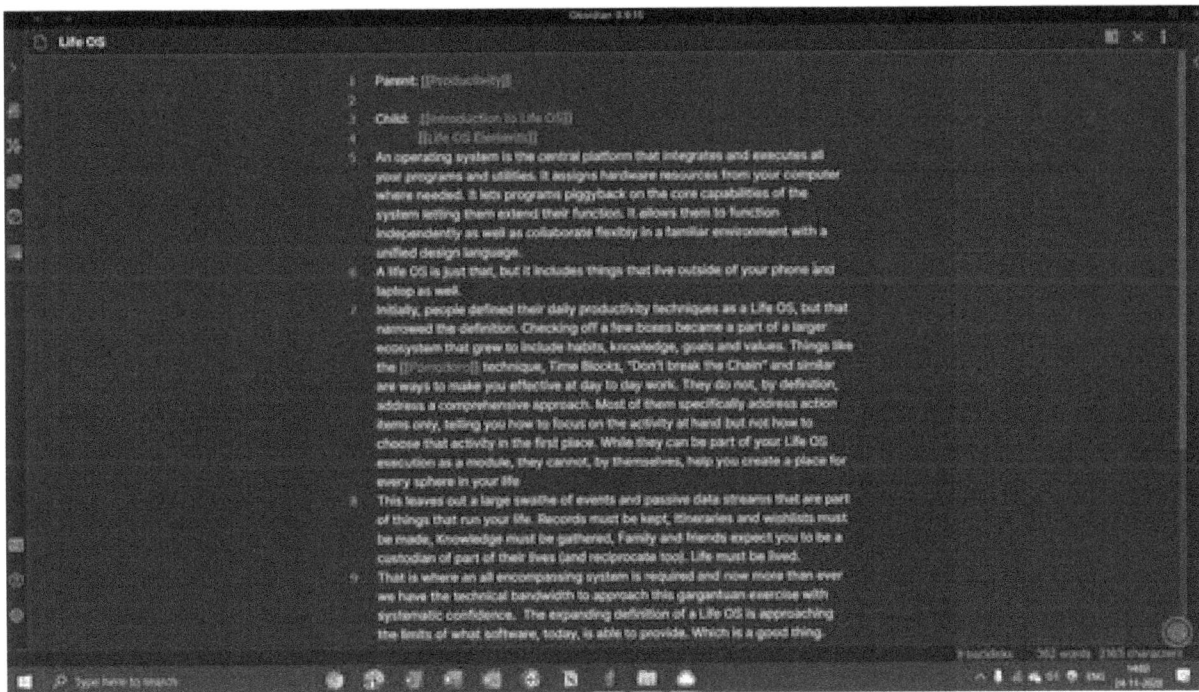

Conclusione

La comprensione e l'utilizzo del potere dell'ossidiana è una parte essenziale di questo pezzo, e chiaramente è uno strumento straordinario per creare una buona connessione tra le idee e metterle in pratica.

Ora che sapete cos'è Obsidian, potete capire perché volete usarlo per creare la vostra libreria di idee correlate, dato che ora avete una maggiore familiarità con l'interfaccia utente. Sapete anche come prendere la vostra prima nota e stabilire i primi contatti.

Obsidian non è più un mistero per voi. Ora avete tutto ciò che vi serve per governare il mondo oggi con il vostro secondo cervello pubblico, in modo completamente gratuito. Non vi resta che implementare questi processi nella vostra vita quotidiana e sarete sulla via della luna; tutto dipende da voi e da come sincronizzate la vostra routine con l'app Obsidian per aiutarvi in ogni momento.

9 783662 005590